El tercer lunes de enero es el día más triste del año

El tercer lunes de enero es el día más triste del año

Matemáticas y *fake news*

Claudi Alsina

Ariel

Primera edición: noviembre de 2025

Maquetación a cargo de Irene Mármol

Avda. Diagonal, 662-664, 08034 Barcelona
Editorial Ariel es un sello editorial de Planeta, S. A.
www.ariel.es
www.planetadelibros.com

ISBN: 978-84-344-3978-8
Depósito legal: B. 19.478-2025

Impreso en España

¡El Niño Jesús nació en Triana!
El Niño Jesús nació en Triana
Porque quería ser torero
Y disfrutar en la plaza
Y abrir esta puerta grande
Que es la más grande de España.

Bertín Osborne

Una mentira viaja alrededor del mundo
mientras la verdad se está poniendo las botas.

Edgar Allan Poe

Las matemáticas son nuestro ángel de la guarda
en el mundo de *fake news* que nos rodea.

C. A.

A los que ya no contestan llamadas telefónicas
desde un número desconocido.
A los que no creen en los horóscopos que pretenden
adivinar sus próximos acontecimientos.
A los que van con lupa a los bancos
y a los notarios para poder leer la letra pequeña.
A los que miran siempre los números presentes en las ofertas.
A todas las víctimas del agobiante mundo
de las falsedades que, con la ayuda de
los números, evitan los timos y mentiras.

CLAUDI ALSINA

ÍNDICE

PROSPECTO

> A menudo, la forma más segura de transmitir información errónea es decir la pura verdad.
>
> MARK TWAIN

LEA TODO EL PROSPECTO DETENIDAMENTE ANTES DE EMPEZAR A USAR ESTE LIBRO, PORQUE CONTIENE INFORMACIÓN IMPORTANTE PARA USTED.

- Conserve este prospecto y no lo arranque, ya que quizá tenga que volver a leerlo y devaluaría el valor de la obra en el mercado de segunda mano y manos sucesivas.
- Si tiene alguna duda o experimenta efectos adversos, consulte a matemáticos de confianza. El título del libro *El tercer lunes de enero es el día más triste del año: matemáticas y* fake news ya le indica que, con la lectura, puede pasar de la clásica exclamación «¡AJÁ!» a «¡OH!». No se preocupe ante este cambio. No obstante, si nada le sorprende, debería consultar un médico.
- Esta obra está pensada para calmar la inquietud ante las *fake news* actuales, así como para desarrollar un espíritu matemático precavido.

1. QUÉ ES ESTE LIBRO Y PARA QUÉ SE UTILIZA

Este librito invita a ver cómo observa un matemático las noticias falsas y las analiza, cómo usan los falsificadores vilmente las matemáticas elementales y qué puede hacer el lector para defenderse de todo este lío. Antes de empezar, ofrecemos diez cuestiones para poner a prueba al lector.

2. QUÉ HAY QUE SABER ANTES DE EMPEZAR A LEER

Todas las matemáticas citadas en el libro son elementales, propias de la enseñanza obligatoria.

No lea este libro:

Si padece aversión a las matemáticas y no desea cambiar. La lectura de esta obra podría contribuir a evolucionar hacia un interés insólito para usted que quizá sus amistades lamentarían.

Advertencias y precauciones

Este libro no es una enciclopedia, es una selección de ejemplos que el autor considera interesantes para todos los públicos que NO desean que los timen o engañen. Debe tomarse su tiempo y leer pausadamente. Una lectura rápida o ligera podría producir efectos no deseados.

Uso de este libro simultáneamente con otros libros

Esta obra es compatible con la lectura de otros libros de divulgación matemática. De hecho, se ha descubierto que estas lecturas simultáneas potencian una actitud positiva hacia las ciencias.

Embarazo y lactancia

No se conocen efectos adversos a la lectura de este libro durante el embarazo o periodo de lactancia.

Conducción y uso de máquinas

La lectura del libro no es probable que afecte a la capacidad de conducir, usar herramientas o máquinas, pero evite hacerlo a la vez que realiza estas actividades.

3. CÓMO LEER ESTE LIBRO Y CUÁL ES SU ORGANIZACIÓN

- Las líneas de texto deben leerse de izquierda a derecha.
- Las páginas deben seguirse según el orden numérico indicado al pie.
- Los capítulos del libro son independientes y pueden leerse en cualquier orden, aunque es recomendable recordar lo que ya se ha leído en caso de lectura aleatoria.
- El capítulo 1 es generalista, se habla de *fake news*, de la posverdad, la desinformación, la inteligencia artificial, los errores maliciosos, casos históricos y del rol de las matemáticas en todo este mundillo malicioso.
- El capítulo 2 muestra temas relacionados con el calendario: días con suerte, días con desgracias, semanas, meses o años no recomendables, etc. En particular, se trata la tontería de que el tercer lunes de enero es el día más triste del año, un escándalo internacional. Ello nos llevará a contemplar los timos de los 20.000 adivinadores españoles y sus estrategias para predecir, por un mínimo donativo, nuestro futuro con cartas natales, bolas de cristal, tiradas del tarot, etc.
- El capítulo 3 versa sobre una sorprendente selección de fórmulas matemáticas imposibles que se han ideado para dar un aspecto muy serio y riguroso a temas como la felicidad, reencuentros de parejas o lo relativo a cuantificar la belleza. Una buena fórmula siempre sorprende al ingenuo.
- El capítulo 4 va de azar y previsiones, un mundo loco e irracional donde abundan los aspirantes a ganar grandes premios de lotería, adivinar resultados de sorteos, temas de máquinas de juego y casinos, un mundo donde se dan números predilectos y donde encontraremos una extensa gama de amuletos y rituales que parecen servir para mejorar nuestra suerte.
- El capítulo 5 versa sobre la cosmética *fake*, los anuncios que prometen mejorar las arrugas o el aspecto físico general, rejuvenecer, etc.
- El capítulo 6 va de medicina *fake*, al tratar de noticias o propagandas sobre curas milagrosas, reflexoterapia,

acupuntura, flores de Bach, herbolarios, homeópatas, etcétera.

- El capítulo 7 analiza la perversa publicidad actual: engañosa, encubierta, subliminal, ilícita..., así como ese complejo reino de ofertas, promesas, regalos, tarifas *low-cost*, en el que incluso nos prometen que aprenderemos inglés en dos semanas.
- El capítulo 8 presenta las claves para defenderse de los ataques *fake* a través del móvil y el capítulo 9 hace lo propio con Internet para que no caigamos en la macrorred de pesca de nuestros datos.
- El capítulo 10 va de dinero. Si los orientales gustan del contraste entre el yin y el yang, nosotros somos amantes del TIN y la TAE: ahorros, préstamos rápidos, hipotecas, previsiones de gastos y el enorme mundo de los timos económicos a través de engaños. Se complementa el capítulo con el drama de la vivienda y cómo sortear las ofertas de pisos de compra o alquiler o no caer en una minicasa o una habitación realquilada.
- En el capítulo 11 visitaremos el curioso mundo de los tantos por ciento, los tentadores descuentos (como llevarse 3 y pagar 2), las recomendaciones de la mayoría de los dentistas e incluso en el hecho de que algunas webs de citas extrapolen datos sobre infidelidades en barrios basándose en simples consideraciones de tantos por ciento.
- El capítulo 12 es una miscelánea de casos falsos, algunos de ellos históricos. Con Adán, Eva y Noé empezó todo. Pero también se habla de las grandes cuentas (homenaje a la Guardia Urbana), de falsedades en arte, en literatura e incluso en las propias matemáticas.

En cada uno de los apartados, incluimos muy breves anotaciones matemáticas y una moraleja; es decir, una conclusión o recomendación que vale la pena tener en cuenta. Las citas de referencias se indican dentro del texto con el sistema de autor, año (o número en el caso de webs).

4. POSIBLES EFECTOS ADVERSOS

Hoy por hoy, se desconocen efectos adversos inmediatos provocados por la lectura.

A largo plazo, resulta posible que, por culpa de la lectura, ya nunca más pueda justificarse diciendo «Yo soy de letras».

Efectos adversos debido a la lectura prolongada

No es recomendable leer repetitiva y obsesivamente la obra. No intente memorizar ni el todo ni las partes. En caso de excesos, acuda a un servicio de urgencia.

5. CONTENIDO E INFORMACIÓN ADICIONAL

Los muchos ejemplos se han escogido con el fin de que el lector se anime a ver las matemáticas con más pasión.

NOTA 1 Buscando un mundo más sostenible, más verde, más feminista y con un consumo más responsable se ha escrito y editado este libro, de venta en comercios justos, y siendo sus páginas veganas.
NOTA 2 El autor no ha utilizado en ningún momento programas de inteligencia artificial para componer el texto.

TEST PARA VER SI DETECTAS FALSEDADES

Nada mejor para entrar en el tema del libro que animarse a contestar esta prueba dictaminando si cada noticia es verdadera o falsa. ¡Ánimo! (Respuestas en la siguiente página.)

NOTICIAS	V	F
1. Si un precio se triplica es que ha aumentado un 400 %.		
2. Como las terminaciones de la lotería van del 0 al 9, la probabilidad de que este año salga por Navidad la misma terminación que el año anterior es menos probable.		
3. 2010 = 5770 = 4707 = 1432.		
4. Que los hombres ganen un 30 % más que las mujeres quiere decir que las mujeres ganan un 70 % de lo que ganan los hombres.		
5. Cervezas sin alcohol 0,0 %.		
6. Según la ministra Pilar del Castillo, el presupuesto de becas entre 1996 y 2002 creció un 32 %, pasando de 480 millones de euros a 736.		
7. Precios en caída, todo más barato, hasta el 70 % de descuento.		
8. Presidente Zapatero: «En financiación autonómica todas las comunidades quedarán por encima de la media».		
9. La matemática está hecha de un 50 % de fórmulas, un 50 % de demostraciones y un 50 % de imaginación.		
10. X = I + XI.		

RESPUESTAS CORRECTAS A LA PRUEBA

1. Falso. Si algo se duplica, el aumento es del 100 %. Si algo se triplica, el aumento es del 200 %.

2. Falso. Cada año, el sorteo es independiente del año anterior: todas las terminaciones tienen la misma probabilidad.

3. Falso como números, pero verdadero como años. Nuestro año 2010 fue también el 5770 judío, el 4707 chino y el 1432 musulmán.

4. Falso. Como el salario masculino sería el femenino multiplicado por 1,30, el salario de las mujeres sería 1/1,30 del masculino, es decir, un 76,92 % del de los hombres.

5. Falso. La cerveza sin alcohol ha de llevar un 0 % de alcohol, pero algunas marcas obvian un decimal para no indicar que, en realidad, lleva un poquito de alcohol. Por ejemplo, San Miguel dice ofrecer un 0,0 %, pero su cerveza tiene un 0,03 % de alcohol.

6. Falso. Al calcular el 32 % de la bolsa inicial de 180 millones de euros resulta $32 \times 480 / 100 = 153{,}6$, que sumado a las 480 iniciales, da 633,6, lo cual es menos que los anunciados 736 millones.

7. Falso. Con tan solo un artículo rebajado un 70 %, ya se cumpliría el anuncio y, esencialmente, todo seguiría igual de caro.

8. Falso. Es imposible que todas las comunidades reciban una financiación superior a la media, pues la media siempre está entre el mínimo y el máximo.

9. Falso. Al dar una distribución de tantos por ciento, estos deben sumar 100, y no 150.

10. Falso. Evidentemente, 10 no es 1 más 11, pero, curiosamente, si giras el libro 180° y vuelves a mirar esta cuestión resulta una igualdad verdadera: IX + I = X.

CAPÍTULO 1

FAKE NEWS 0 - MATEMÁTICAS 1

Para ti solo quiero
que aquellos
números del camino
te defiendan
y que tú los defiendas.

RUBÉN DARÍO, *Oda a los números*

Suena mi móvil. Veo que se trata de un número desconocido para mí y que proviene de Nigeria, así que lo bloqueo. Al cabo de unos segundos, vuelve a sonar el móvil y mi compañía de luz se ofrece a suministrarme gas natural, pero, en cuanto pregunto por qué conductos envían el gas, cuelgan. No pasan ni diez minutos cuando llaman a la puerta y un repartidor intenta colocarme un envío del vecino ausente, cosa que no logra. Me siento a tomar café y miro el correo en el ordenador; hay diez mensajes nuevos: tres son anuncios de alimentos ecológicos, dos son facturas digitales, tres son ofertas de compras *online* y dos son extrañas comunicaciones de herencias de miles de dólares que me han tocado, que me abonarán tan pronto como indique mis datos bancarios y un depósito de tan solo 500 euros para gastos de envío. Un nuevo día se pone en marcha y, según uno de los anuncios, hoy podría ganar 10.000 euros invirtiendo solo 150.

En los tiempos actuales, estamos rodeados de noticias falsas, promesas incumplibles, compromisos imposibles, ofertas engañosas, timos delirantes, etc. Estas situaciones son nuestras compañeras de viaje, están todo el año con nosotros y cada día hay más. Desafortunadamente, las falsedades se difunden mucho más rápido que las verdades y hoy llegan a miles de personas de inmediato a través de las redes sociales.

Es muy triste que haya multitud de creyentes de afirmaciones como las siguientes:

> «¡Hazte rico en Internet con tan solo una hora de trabajo diario!»
>
> «¡Hazte inversor en divisas y gana 3.297,34 € al día!»
>
> «Los científicos han demostrado que las vacunas causan autismo.»
>
> «La 5G causó y propagó el coronavirus.»
>
> «Los extraterrestres han aterrizado en la Tierra y controlan en secreto a los líderes mundiales.»

Veremos cómo defenderse de esta plaga y los fieles aliados que nos resultan los números.

NÚMEROS ABERRANTES

A menudo, se dan noticias que contienen números sin sentido:

- *El Periódico de Extremadura*: «En prisión 10 de los 9 detenidos por tráfico de drogas».
- Una noticia de Canarias: «La sensación de inseguridad es mayor en Tenerife que en Gran Canaria. Seis de cada cuatro canarios creen que el Gobierno autónomo dedica pocos recursos a la lucha contra la delincuencia».
- *El País*, a partir de los datos de una encuesta donde indican que Ciudadanos tiene un 40 % de intención de voto; el PSOE, 37 %, y el PP, 25 %, publica el siguiente titular: «Triple empate del PP, PSOE y Ciudadanos».

VERDADERO-FALSO

El ser humano siempre ha intentado definir como verdaderos o falsos todo tipo de sucesos, escritos, noticias, etc., una auténtica obsesión avalada por la filosofía clásica y la lógica. No obstante, la vida es mucho más complicada y, de la misma manera que entre el color blanco y el negro hay una infinita gama de grises, también entre las verdades absolutas y las más radicales falsedades existen muchas situaciones intermedias. En este preciso momento, suena en la radio la canción de Jarabe de Palo que dice que, «según como se mire, todo depende».

Una afirmación es falsa cuando se corresponde con algo fingido, fraudulento, engañoso, ficticio, artificial, espurio, refalsado, bamba, brujo, erróneo, incorrecto, incierto, inexacto, fatulo... En sentido contrario, algo es verdadero si no es falso; es decir, cuando puede calificarse de auténtico, cierto, verídico, sincero, real, veraz, franco, original...

En este contexto de dualidad verdadero-falso, la RAE ha recogido la palabra *posverdad*: «Distorsión deliberada de una realidad, que manipula creencias y emociones con el fin de influir en la opinión pública y en actitudes sociales».

Cuando lo falso se difunde con intención malévola, nacen las *fake news*; es decir, en estas noticias, además de falsedad, hay mala intención y es habitual que el titular no tenga relación con el contenido y que se hayan suprimido datos o manipulado elementos (textos, citas, imágenes, vídeos).

Según un reciente estudio de Save the Children, la mitad de los adolescentes españoles tienen dificultades para saber si una noticia es real o falsa y uno de cada cuatro no contrasta la posible falsedad. En adultos, la dificultad afecta al 40 %. Un 60 % de los adolescentes usa las redes sociales como fuente de información y solo un 32 %, la prensa digital. Es remarcable que, según dicho estudio, las chicas se fíen menos de las redes que los chicos.

INVITACIÓN A LAS *FAKE NEWS*

El tema de las noticias falsas y la posverdad tiene hoy especial interés, pues son muchos los casos que aparecen en los medios de comunicación (prensa, radio, televisión) y en las redes sociales que, siendo falsos, aparentan ser verdaderos (apoyándose, en parte, en la amplia difusión) para convencer de algo a una determinada población. En este tipo de noticias, el concepto de intención va unido a la idea de falsedad.

En el documento *¿Qué son las fake news? Guía para combatir la desinformación en la era de la posverdad*, se establece que una noticia falsa «se diseña y emite con la intención deliberada de engañar, inducir a error, manipular decisiones personales, desprestigiar o enaltecer a una institución, entidad o persona u obtener ganancias económicas o rédito político».

Este combate contra las noticias falsas ha dado lugar a que nazcan medios dedicados a probar las falsedades difundidas, como First Draft, Chequeado, EFE Verifica, Maldita, Newtral, VerificaRTVE, Verificat o la web desenmascara.me, que ayuda a descubrir webs fraudulentas. Cabe destacar también el observatorio europeo Iberifier, compuesto por veinticinco entidades de España y Portugal, un centro promovido por la Comisión Europea para seguir los medios digitales y la desinformación.

De acuerdo con la organización First Draft, las noticias falsas pueden ser de ocho tipos:

- Sátira o parodia: No pretende causar daño o engaño.
- Contenido engañoso: Uso engañoso de la información para incriminar a alguien o algo.
- Contenido impostor: Información que suplanta fuentes genuinas.
- Contenido fabricado: Contenido nuevo que es predominantemente falso, diseñado sobre todo para engañar y perjudicar.
- Conexión falsa: Titulares, imágenes o leyendas que no confirman el contenido.
- Contexto falso: Contenido genuino que se difunde con información de contexto falso.

- Contenido manipulado: Información o imágenes genuinas manipuladas para engañar.

Como es obvio, quienes propagan estas noticias tienen múltiples objetivos: acciones políticas, timos de todo tipo de usuarios, provocaciones, engaños de la opinión pública, publicidad falseada, propaganda, etc.

LA DIFUSIÓN DE LO FALSO ES MÁS RÁPIDA

De la misma manera que hay más lectores de prensa rosa o amarilla que de prensa seria, con X, Facebook, TikTok, Instagram, etc., la difusión de lo falso alcanza récords. Se han visto ejemplos en los que las noticias falsas llegaban seis veces más deprisa que las verdaderas: los reenvíos de noticias tenían 50.000 usuarios en los casos falsos, y solo 2.000 en los verdaderos, y en un 70 % lo falso se difundía más rápido que lo verdadero.

FALSEDADES E INTELIGENCIA ARTIFICIAL

Los humanos ya somos grandes inventores de noticias falsas, así que solo faltaban los programas de inteligencia artificial (IA) para ampliar las posibilidades. Estos usan cantidades ingentes de información de páginas web o libros escaneados, así como de todas las páginas de la Wikipedia.

Los programas de IA se diferencian de los otros por su capacidad de mejorar, ya que aprenden de sí mismos y ajustan los resultados, pero a menudo la IA no es capaz de distinguir lo falso de lo verdadero. Al respecto, hay un interesante análisis de J. M. Flores (2019): *Inteligencia artificial y periodismo: diluyendo el impacto de la desinformación y las noticias falsas a través de los bots.*

No obstante, hay esperanza, pues recientemente investigadores de Massachusetts han presentado un programa de inteligencia artificial que se supone que detecta los bulos en un texto. Estaría bien que esto funcionase.

En el periodo 2000-2017, se calcula que ha habido un incremento del 976,4 % en el número de personas en el mundo con acceso a Internet, hasta el punto de que más de la mitad de la población mundial utiliza las redes en la actualidad. Por ello, si hace años yo ya repetía en muchas de mis charlas el lema «No salgáis de casa sin las matemáticas», hoy debería añadir: «Y procurad también que dentro de casa os hagan compañía».

PELIGROS POLÍTICOS: LAS 29.508 DECLARACIONES FALSAS DE TRUMP

Sin verdad, no existe la confianza.

MARIA RESSA, premio nobel de la Paz

Según el prestigioso periódico americano *The Washington Post*, durante el primer mandato de Trump hubo «29.508 declaraciones falsas o engañosas en 1.386 días», por lo general sobre inmigración, política exterior y pandemia de COVID-19. Obviamente, Donald Trump se convirtió en el rey de las *fake news*, y lo sigue siendo.

La desinformación se refiere a la *difusión deliberada de información falsa* (teorías de la conspiración, descontextualización de sucesos, manipulación de textos o imágenes, etc.) con el propósito de *manipular la opinión pública, influir en ella o lograr ventajas estratégicas.*

El problema es que la difusión masiva de declaraciones políticas falsas pueden tener consecuencias nefastas en la democracia. En la propia web del Ministerio de Asuntos Exteriores español [1] se nos advierte de lo siguiente:

> La desinformación constituye una de las mayores preocupaciones de los países democráticos. Detrás de las noticias falsas o *fake news* se articulan, en numerosas ocasiones, estrategias para manipular la opinión pública y erosionar la estabilidad de los Estados y de sus instituciones.
>
> Los bulos y la desinformación representan desde hace tiempo una amenaza global para la libertad y para la democracia. Las campañas de desinformación no suelen

limitarse a la difusión de noticias falsas, sino que suelen pretender la construcción de un relato malintencionado.

Así, todas las instituciones europeas (ONU, Unesco, OTAN, Consejo Europeo...) están actuando para combatir esta invasión creciente de desinformaciones, además de dotarse de un sistema de alerta rápida (RAS, por sus siglas en inglés) con el objetivo de cooperar en este terreno.

Según *El País*, «en Europa, el 80 % de la gente cree que la proliferación de *fake news* es un peligro para la democracia y en España lo piensan ocho de cada diez personas». Y es que la propagación de información falsa puede tener consecuencias sociales, políticas y económicas devastadoras. Al respecto, se considera un buen decálogo para los ciudadanos el siguiente:

1. Consultar varias fuentes.
2. Desarrollar el pensamiento crítico.
3. Usar el sentido común.
4. Comprobar la fecha de publicación.
5. Identificar patrones comunes.
6. Comprender el contexto.
7. No dejarse arrastrar por la emoción.
8. Reportar la desinformación.
9. Fomentar el diálogo constructivo.
10. Participar en educación digital.

MATEMÁTICAS, DESINFORMACIÓN Y DEFENSA FRENTE A LO FALSO

> La desinformación erosiona la confianza
> en las instituciones y en los medios digitales
> y tradicionales y hace mal a nuestras democracias,
> obstaculizando la habilidad de los ciudadanos
> para tomar decisiones informadas.
>
> Comisión Europea, 2018:1

En el magnífico artículo de Noah Giansiracusa sobre la matemática de la desinformación, el autor indica que «las matemáticas nos ayudan a cuantificar la difusión de la desinformación y cuantificar el efecto de las intervenciones potenciales, y nos ayudan a entender los algoritmos que crean y amplifican la desinformación» (2022). Este también reconoce que la desinformación afecta a todas las disciplinas y profesiones: economistas, publicitarios, informáticos, psicólogos, periodistas, políticos, científicos sociales, etc.

De este modo, ante la multitud de atacantes que pretenden engañarnos o timarnos económicamente, cabe tomar ciertas precauciones, como averiguar el origen de la noticia, oferta o llamada, considerar el aspecto de las webs o imágenes (¿parecen verdaderas?), despreciar la información atribuida a testimonios falsos, no dejarse llevar por las prisas con que se nos propone algo, analizar cuidadosamente todos los números que aparecen (las ofertas muy baratas seguro que son falsas, así como las promesas de ingresos elevados) y tener en cuenta que todo lo de segunda mano o proveniente de devoluciones puede resultar problemático si no funciona, entre otras cosas.

Un caso destacable es la información meteorológica que transmiten radios y televisiones a diario, la cual se basa en matemáticas y modelos científicos de gran altura. A pesar de que pocas veces acierta, seguimos pendientes de su emisión.

ALGUNOS CONSEJOS MATEMÁTICOS ÚTILES

Consideremos ahora unos breves pero eficaces consejos para emplear las matemáticas frente a las *fake news*.

1. Aplicando lógica simple y sentido común, se ve que una noticia o anuncio no tiene ningún sentido ni números que la avalen.

Ejemplo: El anuncio de Red Bull dice: «Red Bull te da alas», una frase estúpida donde las haya. Un tribunal de Colombia impuso una multa de 13 millones de dólares americanos a esta empresa con un argumento impecable: «La bebida energizante efectivamente no genera cambios físicos ni intelectuales».

2. Los cálculos astronómicos y temporales no justifican nuestro futuro particular.

Ejemplo: El rey Felipe VI y el autor de este libro nacieron (en años diferentes) un 30 de enero, por tanto, ambos son acuario. ¿Tenemos igual destino?

3. El que se puedan inventar fórmulas sin sentido dando una apariencia de seriedad científica no avala ninguna conclusión.

Ejemplo: La fórmula de la felicidad de Einstein es la siguiente:

$$F= x + y + z$$

donde x es trabajo, y es azar y z es silencio. Podríamos resumirlo en trabajar, buscar y callar.

Ejemplo: El presidente español Rodríguez Zapatero afirmó en 2009 lo que sigue: «En materia de financiación todas las comunidades autónomas quedarán por encima de la media». Lo que es imposible no puede ser. Toda media queda entre el valor mínimo y el valor máximo.

4. Los fenómenos de azar son imprevisibles, pero la banca siempre gana.

Ejemplo: La probabilidad de salir rojo en la ruleta. Rojo o negro son equiprobables y hay un 50 % de posibilidades de que salga uno de ellos. ¿Seguro? No: si sale 0, gana la banca. En una ruleta americana con dos ceros, resulta que sale rojo con la siguiente probabilidad: 18 / 38 = 0,47.

5. Los tantos por ciento esconden información o enredan el contenido.

Ejemplo: Si los beneficios de la empresa han pasado de un 30 % a un 20 %, ¿han disminuido un 10 %? No: esto representa una reducción del 33,3 %, no del 10 %.

Ejemplo: En el anuncio del producto de belleza Glamoxy Snake Serum de Rodial se dice que «en solo 90 segundos las arrugas se notan menos y tras 28 días de aplicación las reduce en un 52 %». Lo de los 28 días no sabemos si es cierto, pero lo del efecto positivo en 90 segundos debería hacernos dudar.

6. Aunque los datos muestren una gran precisión y valores elevados pueden ser falsos.

Ejemplo: El producto Original Remedies de Garnier indica que es en un 94 % de origen natural y que su carbón magnético atrae el 99 % de impurezas y promete 72 horas de hidratación. También señala que elimina hasta un 81 % de impurezas.

7. La falta de datos anula el aval de la información.

Ejemplo: Para llevar a cabo el famoso estudio estadístico *The Hite Report* de 1976 sobre actitudes femeninas en temas sexuales, se enviaron por todo Estados Unidos 100.000 encuestas, pero solo se recibieron 3.019 respuestas y, a partir de ellas, se extrapolaron conclusiones para todas las mujeres americanas.

8. Todas las cuentas exigen una atención especial.

Ejemplo: En televisión se indica que algo «ha dado un giro de 360 grados». Por tanto, estamos igual, nada ha cambiado.

Ejemplo: La mediática cocinera Maria Nicolau ha publicado con gran éxito de ventas un libro de recetas (*Cocina o barbarie*) en el que, ya sea por ignorancia (no sabe las medidas) o por mala intención (esconde los componentes), hay multitud de recetas que no dan cantidades. No dudamos de que sea una buena cocinera, pero su obra no servirá a nadie para aprender a cocinar. Mientras el gran Berasategui habla siempre de «guisar con números», la Nicolau se atreve a afirmar que no hace falta indicar cantidades, pues «es una cuestión de proporciones». Y, a lo largo del libro, proliferan las referencias a puñados o vasitos.

9. El tema de los tamaños de letras puede arruinar la información.

Ejemplo: Este es un anuncio del Banco de Santander donde se observa cómo cambian los tamaños de las letras:

Trae la nómina o pensión y 2 recibos al Banco Santander.

Llévate hasta 400 € por traer tu nómina o pensión y dos recibos.*

Abre una cuenta *online* y domicilia tu nómina o pensión y dos recibos.

Si tu nómina o pensión es de más de 600 €, conseguirás 300 €. Mientras que, si es de más de 2.500 €, te llevarás 400 €.

El último paso para conseguir tu bonificación es apuntarte a la promoción.

El abono de los 400 € se hace en dos tramos: primero 300 € al entrar la primera nómina y 100 € cuando entra la del segundo mes, si ambas son por importe superior a 2.500 €.

*Bonificación de 400 € brutos para nuevas domiciliaciones de nómina o pensión por importe de al menos 2.500 €/mes y la domiciliación de dos recibos con periodicidad mensual en la misma cuenta, para nóminas por importe superior a 600 €/mes e inferior a 2.500 €/mes la bonificación será de 300 € brutos. Permanencia de veinticuatro meses. Es necesario cumplir las condiciones de la promoción y adherirse a la campaña mediante el formulario a disposición de los clientes. La bonificación promocional constituye un rendimiento mobiliario dinerario sujeto a la retención correspondiente conforme a la normativa fiscal aplicable (actualmente el 19 %), que el Banco efectuará repercutiéndoselo al Participante y abonándole el resto 324 € y 243 €, respectivamente. Promoción válida hasta el 30 de septiembre de 2025

10. Las propias matemáticas pueden presentar soluciones absurdas.

Ejemplo: Un número como el 4.698.783 es muy elevado, pero su altura en una gráfica manipulada puede equivaler a cero. Hay que tener cuidado con los gráficos, sus ejes, sus escalas, etc.

Ejemplo: Si 2 pintores tardan 6 horas en pintar una habitación, ¿cuánto tardan 24 pintores actuando simultáneamente? A pesar de la tentación de aplicar alguna regla de tres, debe resultar evidente lo absurdo del problema: es imposible que en una misma habitación trabajen simultáneamente 24 pintores.

MORALEJA

Las matemáticas elementales están a nuestro servicio. Son magníficas compañeras de viaje.

CAPÍTULO 2

CALENDARIO

BLUE MONDAY, ¿EL DÍA MÁS TRISTE DEL AÑO?

¿Quién inventó el lunes?
El mismo que inventó septiembre.

Adivinanza

No arruines un hoy bueno por un ayer malo.

Anónimo

En este capítulo, he recopilado noticias falsas relativas a calendarios. Como verás, es sorprendente la increíble atención que los medios de comunicación, las redes sociales y las plataformas siguen prestando a temas absurdos sobre días temibles, meses malos, años bisiestos o futuros próximos; noticias sin ningún interés que se recuerdan periódicamente. Y muchos son los rituales que todos mantenemos vivos para invocar la suerte; por ejemplo, el 31 de diciembre, ¿aún tomas aceleradamente doce uvas con las campanadas de Año Nuevo?

Una definición popular de calendario es «cuenta sistematizada del transcurso del tiempo, utilizado para la organización cronológica de actividades». Los calendarios tienen una larga y distinguida historia, desde el año 8.000 a. C. hasta la actualidad, y gran variedad de ellos se han basado en los ciclos lunares o solares.

Muchas culturas han tenido su calendario propio, un punto de encuentro entre la ciencia, en especial la astronomía, y la cultura. Y la colección de números ligada a los calendarios es estrafalaria: día = 24 horas, hora = 60 minutos, minuto = 60 segundos, semana de 7 días, meses acabados en 28, 29, 30 o 31 días, años de 12 meses con 365 o 366 días, o años de 13 meses lunares (un ciclo lunar son 28 días). Un año sideral dura 366,255 días; el año natural se estima en 365,256 días o 365 días, 6 horas, 9 minutos y 9,76 segundos; el año tropical tiene 365,242 días o 365 días, 5 horas, 48 minutos y 45,22 segundos.

En este capítulo, veremos que hay una extensa gama de *fake news* basada en imaginativas relaciones entre los astros, el calendario y la vida personal. No obstante, el caso que nos debería inducir a una auténtica revolución consumista es el de los horóscopos diarios en periódicos o webs: dejemos de comprar publicaciones o visitar páginas donde se siga incluyendo esta sección. Quizá la lectura de este capítulo te anime a reaccionar.

BLUE MONDAY, ¿EL DÍA MÁS TRISTE DEL AÑO?

El Blue Monday es el tercer lunes de enero y se considera el día más triste del año, supuestamente con base científica. La denominación *blue* (azul) hace referencia a la relación que establecen los anglosajones entre este color y la melancolía, la pena y la tristeza.

Al realizar la búsqueda de «Blue Monday» en Google, me han aparecido 2.440.000.000 resultados en 0,29 segundos. Al respecto de este día, hay definiciones de Wikipedia y noticias actuales en todo tipo de medios de comunicación. Aprovechando esta búsqueda, si clicas en imágenes, aparece una amplia oferta de *merchandising* dedicado a este lunes: tazas de té, pósteres, postales, camisetas, etc.

¿CÓMO SE DESCUBRE EL BLUE MONDAY?

El Blue Monday surgió en 2005 como una campaña publicitaria de la agencia de viajes Sky Travel, a través de la empresa de comunicación Porter Novelli, para aumentar la venta de pasajes en ciertas épocas del año. Pero lo que más confusión causó fue que el psicólogo Cliff Arnall, de la Universidad de Cardiff, propusiera una ecuación que avalaba matemáticamente este desgraciado lunes. Según parece, Porter Novelli buscó firmas de profesores para avalar la ecuación de Arnall, aunque no tuvo éxito.

SU MAJESTAD LA ECUACIÓN DE ARNALL EN 2006

$$400 < (C*R*ZZ) / [((Tt + D)*St) + (P*Pr)]$$

donde

Tt: tiempo de viaje,
D: retrasos,
C: tiempo consumido en actividades culturales,
R: tiempo de relajación,
ZZ: tiempo durmiendo,
St: tiempo gastado en un periodo de estrés,
P: tiempo invertido en preparar el equipaje,
Pr: tiempo consumido en la preparación general.

Nótese que, ya de entrada, la prometida ecuación no es una igualdad, sino una desigualdad. De cómo hallar los parámetros mencionados no se dice nada, pero estos parecen estar relacionados con un viaje, no con un día fatídico que se calcule razonadamente.

SU MAJESTAD LA ECUACIÓN DE ARNALL EN 2009

La cosa fue a peor en 2009, al introducir la siguiente fórmula:

$$/W + D - d / *T^{Q} / M*N_{a}$$

donde

W: tiempo atmosférico,
D: deuda,
d: sueldo mensual,
T: tiempo transcurrido desde Navidad,
Q: tiempo donde se desiste de los propósitos de año nuevo,
M: bajos niveles de motivación,
N_a: sensación de necesidad de hacer algo.

Nótese que aquí se mezclan tiempo atmosférico (¿cómo se mide?), dinero, tiempo en días y dos factores misteriosos como la motivación y la necesidad de hacer algo. Puedes enloquecer o deprimirte si tratas de darle sentido a T^Q o al hecho de que D y d dependen de la moneda de cada lugar.

Si el autor hubiese optado por proporcionar una lista de factores que influyen en el estado de ánimo de una persona, en lugar de dar una fórmula matemática, la cosa habría sido menos grave. Pero, además de marear la perdiz con factores y ecuaciones, el objetivo general ya era absurdo en sí mismo, pues se trataba de determinar una fecha anual fatídica válida para todas las personas en todos los lugares del planeta.

ACTUALIDAD DEL BLUE MONDAY

Aunque parezca increíble, cada año, desde 2005, los medios de comunicación recuerdan que el tercer lunes de enero es el día más triste del año. Muchas veces he recibido consultas de programas de radio o periódicos sobre la veracidad de esto. ¡Qué vergüenza!

Sin embargo, como la noticia sobre este lunes está escrita en las agendas anuales de los medios, reaparece cada año.

En 2024, se dieron muchos mensajes sobre el lunes 15 de enero. Se entiende el oportunismo de Viajes Barceló, que animaba a hacer un viaje para evitar padecer en casa este lunes, o de Amazon, que lo aprovechaba para recordar lo que sigue: «Supera el día más triste del año con estos productos de Amazon. El Día más Triste del Año no tiene por qué serlo si lo celebras».

MORALEJA

No hay un día del año que sea peor que otro universalmente. Si se establecen fórmulas para determinar una fecha, estas deben ser creíbles y calculables; en caso contrario, se trata de un engaño. El caso del Blue Monday es un auténtico escándalo que no cesa.

DICIEMBRE DE 2023

Posiblemente, hayamos vivido diciembre de 2023 sin darnos cuenta de una singularidad. Observa el calendario de este mes:

L	M	M	J	V	S	D
				1	2	3
4	5	6	7	8	9	10
11	12	13	14	15	16	17
18	19	20	21	22	23	24
25	26	27	28	29	30	31

¿Ves algo especial? En efecto, es un mes con cinco viernes, cinco sábados y cinco domingos, un fenómeno de calendario que resulta muy poco frecuente. Al respecto, recibí un mensaje diciendo: «De hecho, esto solo ocurre cada 823 años. Por tanto, ni hemos visto el anterior mes con esta propiedad ni veremos el siguiente». No obstante, ¡eso es falso!

El mito de los 823 años que corre por Internet no es cierto. Basta observar marzo de 2024, agosto de 2025, mayo de 2026…, todos presentan este fenómeno: cualquier mes con 31 días que empieza con el día 1 en viernes sigue el mismo patrón.

MORALEJA

Hay que verificar las afirmaciones que hacen referencia al paso de muchos años.

LA EDAD DE MATUSALÉN

Mientras leía las Escrituras una noche de insomnio en un hotel, el matemático Coxeter hizo la siguiente reflexión: Matusalén vivió 969 años y tenía 187 cuando nació su hijo Lamec, que sería padre de Noé a los 182. Si a esto añadimos que Noé tenía 600 años cuando llegó el diluvio universal, es fácil darse cuenta de que Matusalén (187 + 182 + 600 = 969) muere ese mismo año. Coxeter no pudo evitar hacerse una inquietante pregunta: ¿fue la muerte de Matusalén natural o Noé se olvidó de subirlo al arca?

Esta bonita anécdota hace ver que los años que se manejaban en aquellas épocas eran muy diferentes a los nuestros.

MORALEJA

No existe un concepto de año uniforme. En cada cultura y periodo histórico se ha llevado a cabo una medición distinta.

¿SEGURO QUE ESTAMOS EN EL 2025?

El día que escribo este apartado es el 1 de enero del nuevo año 2025. ¿Podemos estar seguros de que hemos estrenado el 2025? Históricamente, en nuestro calendario el año 1 se cuenta a partir del nacimiento de Jesucristo. Veamos qué ocurrió entonces.

La llegada al mundo de Jesucristo es clave para la cristiandad, pero ni en las citas históricas ni en los Evangelios se menciona un día exacto. De Mateo y Lucas se obtienen referencias sobre los emperadores romanos de la época que pueden ayudar, aunque hasta el siglo VI no se trató de poner orden a este asunto. Fue entonces cuando le encomendaron a Dionisio el Exiguo estudiar una alternativa al calendario romano, que toma como referencia la fundación de Roma (*ad Urbe condita*), y proponer un cálculo del año del Señor (*Anno Domini*) en relación con el nacimiento de Jesucristo para hacer un buen cálculo de la Pascua. Así, se fijó la fecha de nacimiento de Jesucristo como inicio del año 1. El número 0 tardó varios siglos en aparecer, por lo que Dionisio nunca lo tuvo en cuenta. El problema es que, al computar la duración de los reinados romanos, Dionisio se equivocó entre cuatro y siete años, ya que dató mal el nacimiento de Herodes I el Grande.

El resultado de recalcular lo establecido por Dionisio lleva a la conclusión de que Jesucristo nació entre el 6 y el 4 a. C., toda una paradoja, aunque este año de referencia erróneo se ha mantenido hasta nuestros días. Por tanto, lo del 2025 es una *fake new* histórica.

MORALEJA

Ni de las referencias más sagradas nos podemos fiar.

DÍAS NEFASTOS SEGÚN MUCHAS PREDICCIONES

Hay un grupo de fechas que, por su singularidad, han sido motivo de predicciones variopintas (todas falsas) a lo largo de la historia. Se trata del grupo de días 28/2, 29/2, 4/4, 9/5, 6/6, 4/7, 11/7, 8/8, 5/9, 10/10, 7/11 y 12/12, que siempre caen en un mismo día de la semana en un año dado; por ejemplo, todos en lunes un año y todos en sábado otro año, etc. El motivo de estas periodicidades es que el número de días entre estas fechas es siempre divisible por 7 (días de la semana).

En Internet y prensa sensacionalista, se han predicho grandes catástrofes en algunas de estas fechas: impacto de un asteroide con la Tierra, invasión de extraterrestres, erupción volcánica enorme, nueva era glaciar y, por supuesto, el ya clásico fin del mundo.

Afortunadamente, ya se ha verificado muchas veces la falsedad de las predicciones.

MORALEJA

Los que inventan una predicción catastrófica también necesitan inventar un día de ocurrencia del desastre: ciertas fechas especiales son siempre un recurso, pues la fecha parece arropar la predicción.

LA MALA SUERTE EN MARTES 13

En el repertorio de días considerados de mala suerte, destaca el martes 13, seguido del viernes 13 y el 17. Al introducir en Google «mala suerte en martes y trece», aparecen 4.130.000 resultados en 0,35 segundos.

El miedo irracional al número 13 se denomina *triscaidecafobia* y está muy extendido, mientras que el miedo al martes y 13 se conoce como *trezidavomartiofobia*, fobias que deben ser atendidas por psicólogos.

Cabe recordar aquí que la RAE considera que una superstición es «toda creencia extraña a la fe religiosa y contraria a la razón» y en el Diccionario de María Moliner se dice que «la superstición es una creencia en alguna influencia no explicable por la razón». Esta idea que tiene tanta gente de que el martes 13 da mala suerte es una superstición de las más extendidas (lo del viernes 13 se da en países anglosajones y lo del viernes 17, en Italia).

En esta superstición, se mezcla la mitología romana con las referencias cristianas. Por una parte, *martes* es un nombre que proviene del dios de la Guerra, la virilidad masculina, la violencia, la pasión, la sexualidad y la valentía, así como patrón de los guerreros. Por otra parte, está la Santa Cena, con Jesucristo y sus 12 apóstoles (suman 13). Asimismo, la cábala enumera 13 espíritus malignos, la tradición dice que en martes y 13 se produjo la confusión de lenguas en la Torre de Babel y, en el juego de cartas del tarot, el 13 hace referencia a la muerte y la desgracia eterna.

Por todo ello, no es de extrañar el famoso refrán «En trece y martes ni te cases ni te embarques». De hecho, hay aerolíneas en cuyos aviones no aparece la fila 13, hoteles sin habitación con este número o edificios sin esa planta...

MORALEJA

No hay fechas negativas, solo ciertas tradiciones culturales que marcan supersticiones. Es irresponsable que tantos medios de comunicación y redes sociales aún hoy presten atención a todo tipo de supersticiones numéricas y las difundan.

EL 11 DE NOVIEMBRE

El 11/11 hace prever algo especial, lo que en astrología se considera un día espejo. Se cree que el mes de noviembre es de prosperidad y abundancia, con buenas perspectivas amorosas, financieras y espirituales. Así, este parece ser un buen momento para meditar y pensar en nuevos objetivos, y por tanto ideal para hacer ritos y conectar con espíritus. ¡Toma ya!

Evidentemente, del 11/11 se pasa a la suma 1 + 1 + 1 + 1 = 4, dígito que representa el orden, la ley, la seguridad y la responsabilidad. Además, en Oriente, el 4 es el número de la suerte. Quizá por ello la organización ONCE aproveche el día 11/11 para celebrar un sorteo especial. Además, recordemos que, en el 2011, fue especialmente relevante la fecha 11/11/11.

MORALEJA

Cada mes n tiene el día n/n. Te puedes inventar lo que quieras para estos días.

LAS 11:11

Una conocida hora espejo es 11:11. Según Teresa Moreno en Cadena Dial, esto se debe al «*subconsciente colectivo*, lo que quiere decir que se incurre en esto de manera involuntaria». Asimismo, añade que esta hora representa «un momento simbólico que muchos relacionan con su *estado de ánimo*, una experiencia mágica, un amuleto o una forma de focalizar y atraer la energía positiva, además de ser un instante en el que poder pedir un deseo».

Uniendo esta noticia a la anterior, ya supondrás lo que significó para algunos el día 11/11/11 a las 11:11.

> **MORALEJA**
> Las casualidades numéricas, como la repetición de 1, inspiran leyendas.

29/02: CUIDADO CON LOS AÑOS BISIESTOS

Nuestro calendario gregoriano, con sus ajustes temporales, nos llevó a tener un año bisiesto cada cuatro años (salvo excepciones), es decir, con un mes de febrero que tiene 29 días en lugar de 28. El conocido escritor Quim Monzó considera al mes de febrero insoportable precisamente por esta variación de días. Los nacidos el 29 del mes alegan a veces con coquetería que solo deberían celebrar su aniversario cada cuatro años.

Asimismo, a menudo aparecen noticias sin fundamento sobre los desastres de los años bisiestos, y el fenómeno es internacional: cada país presenta una superstición diferente. Así, en Italia, se cree que es mejor no comprar casa o coche un año bisiesto. En Grecia, se considera de mala suerte casarse en un año bisiesto, pues piensan que la cosa desembocará pronto en divorcio. Además, las parejas griegas de divorciados en un año bisiesto están convencidas de que ya nunca más alcanzarán la felicidad.

Entre 1988 y 2016, funcionó The Honor Society of Leap Year Day Babies, una asociación que integraba socios nacidos en año bisiesto con la idea de poner en contacto esta comunidad internacional y hacían celebraciones cada 29 de febrero. Se disolvió en 2016 pero dejó su huella en una página en Internet [2].

MORALEJA

El 29 de enero es un día normal producto de un ajuste de calendario. Haber nacido en esta fecha no otorga unas características especiales: poco tienen en común los nacidos este día en diferentes países o culturas.

31/12: SUPERSTICIONES DE NOCHEVIEJA

Recientemente, José M. Segovia dedicó a este tema su artículo del 20/11/2023 en *Huelva Información* [3]. Destaquemos en primer lugar la buena suerte de las uvas: «La primera de todas esas supersticiones, la reina tradicional, es la de las doce uvas de la suerte. Es la más arraigada desde que tenemos uso de razón. No lo creemos, pero tampoco dejamos de hacerlo cada 31 de diciembre». Pero la cosa no se queda ahí: «Hay quien dice que, si las comemos peladas y sin pipas, los deseos se cumplen antes. Otros creen que, si se comen a pata coja, los efectos son mayores y también quien afirma que, si se engullen debajo de una mesa, es casi segura la unión matrimonial de la pareja que así lo hace».

Otra tradición común con Italia es la ingesta de lentejas en lugar de uvas o usar prendas íntimas de color rojo, lo que supuestamente da buena suerte para empezar el año. ¡Ojo con la lencería roja!

MORALEJA

Brindar con 12 sorbitos de cava al inicio del año es la mejor alternativa a intentar la proeza de tragar 12 uvas durante las 12 campanadas. Quizá el cava explique lo de que comerse las uvas a la pata coja tenga más efecto.

ZODIACOS Y HORÓSCOPOS

Este tema es bien antiguo y aún presente, aunque totalmente ridículo. La palabra *zodiaco* hace referencia a los animales que, según los astrónomos griegos, se correspondían con las constelaciones de las estrellas que veían en el cielo. Dado que sus observaciones eran limitadas, determinaron solo doce constelaciones, que se corresponden con los signos de los horóscopos actuales: aries, tauro, géminis, cáncer, leo, virgo, libra, escorpio, sagitario, capricornio, acuario y piscis.

Desde luego, resulta absurda la idea de clasificar a la humanidad entera en doce grupos y vaticinar que cada uno de ellos tendrá un destino igual, pero, si alguien necesitaba una prueba más definitiva, basta con echar un vistazo a los horóscopos que tenemos a mano. Más allá del escándalo que provoca que periódicos serios dediquen una sección a la adivinación —con afirmaciones tan generales y obvias como «Una agradable sorpresa en su hogar»—, lo cierto es que ni siquiera se ponen de acuerdo en las fechas a las que corresponden estos signos. *El País* incluye a los nacidos el día 19 de abril en el signo de aries, mientras que *El Mundo* aumenta el cupo hasta el 20 del mismo mes y *La Vanguardia* lo reduce al 18. Hay otros ejemplos (tauro puede ser desde el 19 o 20 de abril y escorpio, desde el 22 o 23 de octubre), pero no sabemos a qué se deben estas variaciones: quizá los adivinos de estos periódicos tengan distintas fuentes de información.

Antes, los horóscopos de los periódicos se compraban a *profesionales* de este tema, pero, desde hace tiempo, y dada la crisis económica en la prensa impresa, se sabe que muchos directores de diarios obligan a escribir las predicciones a empleados de la empresa.

No obstante, si te divierten los horóscopos, los encontrarás de muchas clases: chino, maya, celta, de hadas, egipcio, lunar…, e incluso numérico. Yo di en Internet con una esotérica descripción de este último: «Las vibraciones energéticas de los números influyen de modo determinante en nuestra vida […]. Este horóscopo nos permite conocer de forma rápida y sencilla nuestro futuro». Qué bien, ¿no?

Como lo leo en 2024, resulta que mi *vibración* es el 2 + 0 + 2 + 4 = 8, y ello ya da pie a diversas predicciones para todos (!). Por lo visto, el 2 y el 4 por separado también aportan información. Y, si sumamos día, mes y año de nuestro nacimiento hasta obtener un dígito entre 1 y 9, entonces el *número personal* nos dice algo más concreto. Sumo mis datos: 3 + 0 + 0 + 1 + 1 + 9 + 5 + 2 = 21 y 2 + 1 = 3; así pues, consulto el 3: «Será un periodo donde la alegría...». Paro de leer; prefiero quedarme con esta frase.

MORALEJA

No pierdas el tiempo leyendo horóscopos. No compres periódicos o revistas que los incluyan ni visites webs con este contenido.

LOS ACUARIO SON LOS MÁS PERJUDICADOS

En 2023, hubo gran alarma en las redes sociales: se convierte en viral el bulo de que hay un cambio en las fechas de los signos del zodiaco y se anuncia que los acuario (como yo) seremos los más perjudicados. Suerte que enseguida *Espejo Público* aclaró que se trataba de una noticia falsa más, pero incluso la NASA tuvo que hacer una declaración, pues el bulo se había internacionalizado. Y es que, al pasar de acuario a capricornio, nuestras virtudes cambiarían por completo. ¡Oh!

MORALEJA

Que un bulo sobre cambios de fechas en horóscopos merezca atención internacional es un indicador de la ignorancia universal.

EL MES DE NACIMIENTO MARCA LA ESPERANZA DE VIDA DE UNA PERSONA: LA MAYORÍA DE LOS CENTENARIOS SON DE ENERO

El 20 de septiembre de 2024, *El Periódico* pone en portada la afirmación que titula este apartado y le dedica tres páginas completas en el interior. El tema de la longevidad y los datos estadísticos que aporta el reportaje inicial son muy correctos y las opiniones de los entrevistados, prometedoras. Por ejemplo, se dice que «la esperanza de vida crece a España dos años por década» y que «España es el país de la UE con más esperanza de vida: 86,1 años en el caso de mujeres y de 80,8 en el de los hombres».

Cualquiera de estas dos frases hubiese sido un titular de portada acertado, pero al final gana el provocativo anuncio de que el mes influye en la esperanza de vida y que la mayoría de los centenarios han nacido en enero. La periodista Beatriz Pérez insiste en que «el mes de nacimiento influye en la longevidad de una persona y que la mayoría de los centenarios españoles nacieron en el primer cuatrimestre del año».

Es evidente que, en el caso escolar, el haber nacido en enero influye en el grado de madurez con que se inicia la escuela, pero decir que un mes determina el tiempo que se va a vivir es absurdo. Puede ser un dato curioso en una lista de centenarios fallecidos a lo largo del año, aunque de ninguna manera la longevidad está relacionada con el mes de nacimiento. Yo soy del 30 de enero y no creo que ello me vaya a servir de seguro de vida.

MORALEJA

Nacer en enero no garantiza que nadie viva más de cien años.

LA CARTA NATAL

Los inventores de la astrología han ideado un negocio guay consistente en producir las denominadas «cartas natales». Reuniendo toda la información sobre el día, mes, año y hora exacta del nacimiento, el astrólogo traza diversas líneas para elaborar un diagrama con las situaciones astrales y zodiacales de ese momento, lo que se supone que determina «nuestra personalidad, potencialidades y talentos innatos que nos acompañarán a lo largo de nuestra vida», y redacta el informe correspondiente. «Con la lectura de la carta natal se descubren características del individuo que de otra forma permanecerían ocultas, dándole la oportunidad a la persona de potenciar cualidades propias que desconocía o de comprender ciertas conductas y situaciones que se repiten o no es capaz de controlar, permitiéndole crear estrategias para evolucionar de forma acorde a su naturaleza innata.»

Sin embargo, cabe remarcar que la carta natal, además de satisfacer la curiosidad de aquellas personas que desean saber más cosas sobre sí mismas, ha tenido usos muy perversos; por ejemplo, para seleccionar al personal de una empresa o hacer previsiones económicas o políticas.

Hoy las cartas natales pueden conseguirse en Internet. He introducido en una de estas webs mis datos de nacimiento (30/01/1952 a las 20:00:00 UT) y, aparte de dictaminar que mi signo del zodiaco es acuario, he obtenido mi carta natal:

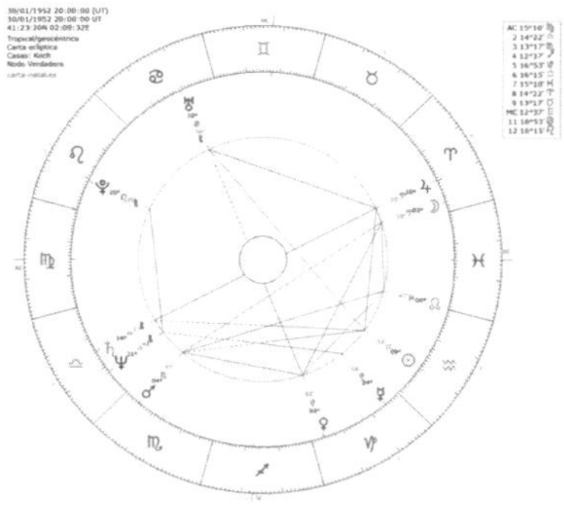

Símbolo: ♒
Elemento: Aire
Modalidad: Fijo
Polaridad: Masculina (yang)
Planeta regente: Urano y Saturno

Casa: 11
Metal: Uranio, platino, aluminio
Piedra: Zafiro
Color: Azul, índigo, amarillo
Constelación: Acuario

Y he obtenido mi diagnóstico:

> Personas idealistas, originales, excéntricas, inventivas y con intuición, que tienden a experimentar por sí solos antes que ceñirse a lo tradicional y establecido. Les atrae lo diferente. Independientes, valoran la amistad, pero son desapegados. De conciencia universal pero muy individualistas, les gustan los grupos y sentir que forman parte de un todo. Altruistas, futuristas y amantes de la libertad.

También se da información general sobre todos los que somos acuario, de la cual extraigo solo algunas afirmaciones:

> Los nativos de acuario tienen una amplia y noble perspectiva de la vida donde cada individuo es parte de una gran comunidad, de la que sienten que forman parte y la cual permite a cada individuo conseguir mucho más, como parte de un todo, de lo que podría alcanzar por sí solo.

> Las personas con una gran influencia de este signo en su carta natal creen en una sociedad bondadosa, sin jerarquías, donde cada uno puede perseguir sus propios intereses siempre y cuando no interceda en los derechos de los demás ni perjudique a otros en su camino. Amantes de la libertad, son muy independientes y no soportan las imposiciones ni la rutina [...]. Son personas curiosas, les atrae lo diferente y misterioso. Poseen un gran instinto y son muy inventivos [...]. Tienen una visión humanitaria, altruista y futurista de la vida [...]. La lógica de acuario puede llegar a resultar fría. Para ellos, todo tiene un orden y una lógica y no hay lugar para el azar o el destino [...]. Como signo de aire, al igual que géminis y libra, poseen una gran agilidad mental [...]. Y acuario posee la habilidad de ver las cosas desde una perspectiva nueva y poco convencional.

MORALEJA

El universo es siempre impresionante y la astronomía es una ciencia precisa y prestigiosa, pero ello no avala a las cartas astrales, que son pura fantasía y un buen negocio. Lo único curioso es que determinan fácilmente la posición de los astros en el momento exacto del nacimiento de una persona.

EL FIN DEL MUNDO TEMPORAL

El fin del mundo geográfico se usa como eslogan publicitario en diversos lugares, como el famoso faro de Finisterre; nada que objetar, pues se busca turismo. Lo que sí merece desprecio son las noticias sobre el fin del mundo temporal.

No hace demasiado, se expandió universalmente el pronóstico maya de que el fin del mundo tendría lugar el 21 de diciembre de 2012, solsticio de invierno. Muchos fueron los que temieron que esto ocurriese y muchos también los que aprovecharon para hacer un viaje a tierras mayas con el objetivo de esperar el día.

Por suerte, los estudiosos de los calendarios mayas pronto nos tranquilizaron, al explicar que no se terminaba el mundo, sino una era. Como si en nuestro caso alguien hubiese dicho que el fin del mundo iba a ser el 31 de diciembre del 2000 (acababa un año, un siglo y un milenio).

Los mayas consideraban como unidad de medida de la llamada «cuenta larga del calendario» el kin o sol. Los kines se agrupaban en uniales de 20 días y 18 uniales formaban un tun o 360 días. Por tanto, 20 tunes equivalían a un katún y 20 katunes determinaban un bakún de 144.000 días. Así, la temida fecha era el final de un ciclo bakún.

Las teorías alrededor del significado del 21 de diciembre de 2012 dieron lugar a jugosos negocios, sobre todo en el orden turístico.

MORALEJA
Nunca hemos de confundir el fin razonable de algo (por ejemplo, de un periodo temporal) con el fin del mundo.

LAS PREDICCIONES DE LAS SEQUÍAS

Michel de Nostredame o Nostradamus (1503-1566) es aún hoy un afamado profeta con muchas predicciones temporales conocidas que se publicaron a partir de 1555 relativas a todo tipo de calamidades, como plagas, batallas, terremotos, guerras, inundaciones, invasiones, asesinatos..., una maravillosa colección de falsedades. Y es que la historia está llena de profetas que dejan como gran legado predicciones de fenómenos que se supone que ocurrirán muchos años después.

Actualmente, el problema de las sequías y la falta recurrente de agua se da en muchas partes del planeta. No obstante, en lugar de hacer caso a profecías relativas al tiempo, a la hora de prever fenómenos climáticos, más vale confiar en predicciones matemáticas.

MORALEJA
Si escribes sobre sucesos lejanos en términos ambiguos y contradictorios, puede que algún día te consideren profeta. No pierdas el tiempo. Confiemos en los modelos matemáticos que pueden hacer predicciones razonables de fenómenos meteorológicos.

LOS 20.000 ADIVINOS DE ESPAÑA

¡Sí, has leído bien! Según diversas evaluaciones, parece que en España hay unas 20.000 personas dedicadas a tareas remuneradas de adivinación. En esta tropa se enmarcan videntes o clarividentes; astrólogos; tiradores de cartas; videntes con tarot, con bola de cristal o con péndulo; elaboradores de cartas astrales; escritores de horóscopos; lectores de oráculos; adivinadores por medio de los sueños (oniromancia), de la tierra (geomancia), del fuego (piromancia), de la luna (selenomancia), de las aves (ornitomancia), de los muertos (nigromancia), etc. ¿No serán más?

No obstante, para los amantes de los números, hay pocas cosas tan escandalosas como la numerología aplicada al futuro —¿cómo es posible manipular de esta manera la exactitud de las matemáticas?—. Asimismo, si ya parece limitado reducir la personalidad de alguien a los números de un dígito (de 0 a 9), resulta que también existen números de carácter, de corazón y hasta sociales. A veces, estos estafadores usan la fecha de nacimiento, otras el nombre y apellido o las vocales del nombre, pero siempre hay algo en común: ¡no hay que hacer ni caso!

En todos estos ejemplos, se trata de gente que presume de tener poderes extraordinarios o percepciones extrasensoriales que les permite adivinar el futuro de una persona, lugar o acontecimiento por un módico precio. ¡Ajá!

En los manuales para estos oficios, se recomiendan tres pasos para engañar a quien recurre a ellos: analizar el cliente (apariencia, forma de hablar, gestos…), fijar el tema de preocupación que ha motivado la consulta (amor, economía familiar…) y, finalmente, lanzar las predicciones de la forma más creíble posible, dejando un margen de error («quizá…», «es probable que…», «puede ser que…», «puede ocurrir que…», «a veces…»).

Resulta triste que estos farsantes aparezcan en radios, televisiones, periódicos, etc., prácticas que deberían prohibirse tajantemente. Además de engañar y llevarse dinero por ello, resulta que cobran en negro. Quizás Hacienda ayudaría si persiguiese estos fraudes.

MORALEJA

No vale la pena ver programas de televisión donde se emiten secciones de adivinos diversos. Lo falso no merece ser difundido. Envía correos de protesta.

DÍAS DE LA SUERTE

Hay revistas que publican los *días de la suerte* que nos esperan en un año concreto. Por ejemplo, leí en la revista *Glamour* la previsión para mi signo de acuario en 2022 [4]:

> El día con más suerte del año para Acuario será el 6 de marzo, porque habrá un nuevo ciclo pasional. Es el momento perfecto para arriesgarse en una relación y expresar su sexualidad al máximo.
>
> ¿Los días de menos suerte del 2022? Los meses de abril y mayo serán de incertidumbre, duros, pero lo superarás. Has hecho todo cuanto debías hacer y pasarás el examen con sobresaliente, ¡ánimo!

Por si acaso, no se lo enseñé a mi esposa.

Sin embargo, para la astronomía de verdad, los días importantes de un año son aquellos en que se prevé algún fenómeno singular. Por ejemplo, en 2024, habrá eclipses el 25 de marzo, 8 de abril, 17 de septiembre y 2 de octubre.

Mi horóscopo como acuario para el 2024 era el siguiente:

> La energía planetaria del siguiente año será adecuada para *sanar los lazos familiares*. Si percibes alguna dinámica que te esté afectando o tienes algún asunto pendiente que te genere intranquilidad, los próximos meses serán idóneos para hablarlo y aclararlo. Al hacerlo, se abrirá paso a un mayor entendimiento, a la solución de futuros conflictos y a fomentar un ambiente en el que haya amor y respeto.

MORALEJA

La lógica matemática ayuda a detectar noticias falsas.

LA FIDELIDAD SEGÚN LA FECHA DE NACIMIENTO

Se publica un horóscopo numerológico que facilita el saber si una persona es fiel a partir del crucial dato de su fecha de nacimiento y unos cálculos aritméticos. ¡Qué maravilla!

El sólido fundamento de esta teoría parece ser que «los números emiten vibraciones con significados específicos, capaces de develar información relevante acerca de la vida de una persona».

Lo primero es determinar el llamado «número de vida». Para ello, se toma la fecha de nacimiento y se suman todos los dígitos. Pongo como ejemplo la mía, 30/01/1952:

$$3 + 0 + 0 + 1 + 1 + 9 + 5 + 2 = 21$$
$$2 + 1 = 3$$

Siempre se obtiene un número entre 1 y 9. Así, la fidelidad queda determinada consultando la siguiente tabla:

> 1: Es una persona con deseo de conocer constantemente nuevos amantes.
> 2: Su fidelidad depende 100 por ciento del cuidado y amor con su pareja.
> 3: Es fiel mientras no sienta que son infieles con ellos.
> 4: La fidelidad no es su mejor opción.
> 5: Son fieles, pero piensan en más personas.
> 6: Su fidelidad es completa si están enamorados.
> 7: Son fieles por naturaleza.
> 8: Suelen sentir atracción por otras personas, pero no caen en la infidelidad.
> 9: Sueñan con alguien que sea tan abierto como ellos, no les gusta la fidelidad.

Siento una enorme tristeza.

MORALEJA

Qué triste sería que la infidelidad estuviese determinada desde la cuna. Un cálculo aritmético absurdo.

UN RIDÍCULO HISTÓRICO INTERNACIONAL

En muy pocas ocasiones tiene difusión mundial algo que es erróneo, pero un caso relacionado con el calendario ocurrió al acercarnos al año 2000: los medios difundieron la información de que el 31 de diciembre de 1999 se acababa el año, el siglo y el milenio. Tres en uno. Hubo grandes celebraciones. Pero al final se vio que, en realidad, el siglo y el milenio acababan el 31 de diciembre del 2000 (para contar hasta 10 hay que poner los 10 dedos, no frenar en el 9). Y hubo nuevas celebraciones.

Se difundió entonces que el mismo error ya se había producido el 31 de diciembre de 1899. Ahora, en el siglo XXI, de nuevo se equivocan los medios al anunciar los finales y principios de las décadas.

MORALEJA

Hay ridículos mundiales que se basan en errores o concepciones falsas. Contar del 1 al 10 o del 1 al 100 no parece tan difícil: las décadas acaban al concluir los años múltiplos de 10, los siglos acaban con los múltiplos de 100…

CAPÍTULO 3

NO TE FÍES DE LAS FÓRMULAS

TIMOS SOBRE LA FELICIDAD

Cuidado con los frikis que llevan fórmulas.

WARREN BUFFETT

En matemáticas, hay cuatro elementos que se asocian inequívocamente con la disciplina: números, símbolos, figuras y fórmulas.

La presencia de fórmulas en noticias o escritos en general otorga de inmediato un claro aval al tema tratado. Yendo más allá de los números, las fórmulas transmiten al observador un alto grado de seriedad, una muestra inequívoca de trabajo bien hecho, y por tanto parecen dar validez a la noticia, anuncio u oferta. ¿Cómo va a ser falso algo que viene bien respaldado por un estudio que incluye fórmulas matemáticas?

Un popular anuncio de los coches BMW para el modelo M5 fue el siguiente:

$$M^5 / V(10) = 4,7 \text{ s}$$

Impresiona calcular la fórmula del «BMW M5 con 507 CV, motor V10 atmosférico de altas revoluciones y cambio secuencial SMG de 7 velocidades».

Si a la presencia de fórmulas se une el hecho de que el trabajo se ha realizado en una universidad y está publicado en inglés, entonces el margen para la duda se reduce aún más.

En este capítulo, desenmascararemos varios ejemplos curiosos relativos sobre todo a la felicidad y la belleza con fórmulas falsas.

Cualquier persona con un poco de sentido común ambicionará poseer ese estado emocional al que llamamos «felicidad». Y, aunque es cierto que resulta difícil definir la felicidad, sabemos que se encuentra asociada a distintos factores, tanto personales como colectivos, que han sido motivo de reflexión por parte de grandes pensadores clásicos y líderes religiosos. En nuestra sociedad, también ha recibido la atención de todo tipo de especialistas, ya sea en ciencias sociales, salud, literatura o psicología.

Si el propio concepto humano de felicidad es de una enorme vaguedad y variabilidad, en el caso animal la cosa empeora. Para empezar, las personas raramente califican de felices a los animales de su entorno; quizá con la excepción de algunas mascotas, nadie hace referencia a jirafas felices. Sin embargo, en la actualidad, destacan con gran publicidad las denominadas «gallinas felices», de las cuales hablaremos más adelante (por sus huevos las conoceréis).

Desde el punto de vista de las matemáticas, es posible evaluar, a través de una buena encuesta, la felicidad cualitativa de una persona, pero resulta absurdo pensar que existe una fórmula cuantitativa general. Sin embargo, algo que parece tan razonable se contradice con nuestra experiencia diaria, donde nos encontramos a gente que enuncia lemas del tipo «Más amor y menos compras» o «Felicidad = amor expresado». Incluso hay nutricionistas que proponen una dieta de la felicidad, con alimentos como el plátano, el pescado con omega 3 o el requesón, entre muchos otros.

Y todavía hay más. En las librerías, se encuentran títulos como *La fórmula de la felicidad*, de Stefan Klein, que propone fórmulas maravillosas para establecer de qué grado de felicidad disfrutamos. Ya en 1961 la matemática americana Lillian R. Lieber (1886-1986) publicó un libro sobre valores humanos, ciencia, arte y matemáticas (*Human Values and Science, Art and Mathematics*), con referencias cruzadas a matemáticas y otras disciplinas, como la ética o la filosofía, reivindicando que también las matemáticas son una vía para lograr la felicidad. Pero Lieber no dio una fórmula engañosa, como otros hicieron.

La felicidad tiene un pequeño problema: resulta imposible de calcular. Sabemos qué factores influyen en ella, pero piensa que con ninguno se puede hacer operaciones matemáticas. ¿El resultado? Un catálogo de despropósitos de los que ofrecemos una pequeña muestra.

SUMAS INGENUAS PARA CALCULAR LA FELICIDAD

Muchas fórmulas de la felicidad se corresponden con una suma ($F = P + 5E + 3H$, $F = P + C + A$ ...). En 2003, la psicóloga británica Carol Rothwell anunció que la felicidad era la suma de factores tan poco concretos como las características personales, las necesidades existenciales y la autoestima. Otro que se apuntó al carro de las sumas imposibles fue Deepak Chopra, que apostó por la combinación de la historia personal, la capacidad de adaptación y la ayuda a otras personas. Aunque parece poco científico, esto no fue óbice para que otros investigadores propusieran sus sumas.

Por ejemplo, Martin Seligman, padre de la denominada «psicología positiva», apostaba en 2011 por la siguiente fórmula:

$$F = R + C + V$$

donde la felicidad duradera (F) se obtenía agregando lo siguiente: R es el rango fijo, todo aquello que nos viene dado por la genética (un 50 % de importancia), C hace referencia a las circunstancias (un 10 % de importancia) y V es nuestra voluntad, todos los factores que nos son propios. Como ves, resulta imposible evaluar estas tres variables. Con la ayuda de técnicas estadísticas, las matemáticas elaboran índices y medidas en relación con temas esenciales en ciencias sociales, pero este no es el caso de la fórmula de Seligman.

Donn Byrne fue más allá proponiendo una suma para averiguar si alguien está verdaderamente enamorado de su pareja.

MORALEJA

Busca tu felicidad, pero no intentes reducirla a una fórmula.

LA ECUACIÓN DE PUNSET

En su libro *El viaje a la felicidad*, el popular divulgador científico, y exministro de Cultura, Eduard Punset, propuso la siguiente ecuación, que involucra hasta seis «factores significativos en los índices de felicidad»:

$$F = E\,(M + B + P)\ /\ (R + C)$$

Esta ecuación nos dice que, para calcular la felicidad, tenemos que multiplicar nuestras emociones por la suma del coste energético de mantener nuestro organismo, la búsqueda de nuevos horizontes y las relaciones personales. Este resultado hay que dividirlo por la suma de los factores que reducen nuestra felicidad y la carga heredada, que también nos resta capacidad de ser felices. Aunque más elaborada que las ramplonas sumas anteriores, Punset cae en la misma paradoja: nos asegura que la felicidad es una cuestión emocional y nos da una fórmula supuestamente objetiva para calcularla.

Pero esto no es todo. En el verano de 2011, Eduard Punset y David Blanco divulgaron una fórmula magistral para la infidelidad:

Monogamia antinatural + gen *D4* = infidelidad

Así, infieles habituales y aspirantes ya tienen ahora una base científica para excusar su libertinaje ante sus ofendidas parejas: no solo hay un sumando animal de tendencia natural a la promiscuidad, sino que, además, en el factor del gen R534 influye el D4 de la dopamina.

MORALEJA

Busca tu felicidad, pero no intentes reducirla a una fórmula.

ECUACIÓN DIFERENCIAL DE RINALDI

El italiano Sergio Rinaldi se preocupó por la felicidad de un poeta del siglo XIV. Leyendo los sonetos de Francesco Petrarca, se le ocurrió una idea algo extravagante. A través de una ecuación diferencial, podía calcular la evolución del amor de Laura [L(t)] por el poeta en función del tiempo. El resultado fue el siguiente:

$$L'(t) = -a \cdot L(t) + R \cdot P(t) + A$$

En esta ecuación, P(t) es el amor de Petrarca por Laura, –a es la pérdida del amor de Laura por Petrarca, R es la reacción de Laura ante el amor por Petrarca y A la atracción de ambos amantes.

> **MORALEJA**
> Busca tu felicidad, pero no intentes reducirla a una fórmula.

LA FELICIDAD AL CUADRADO SEGÚN SHAKIRA

Shakira, en una promoción de Costa Cruceros, convirtió la felicidad en una variable algebraica y anunció lo siguiente: «La felicidad al cuadrado». En las próximas campañas, la cantante puede subir su oferta y elevar la felicidad al cubo o a la cuarta.

> **MORALEJA**
> Busca tu felicidad, pero no intentes reducirla a una fórmula.

LA FELICIDAD SEGÚN LEONARDO ACHO

El ingeniero Leonardo Acho propone la siguiente fórmula de la felicidad:

$$VP = S \,.10^{A}/D$$

donde VP es la vida plena; S, la salud; D, el dinero, y A, el amor y amistad. Como metáfora, funciona; como ecuación, es un desastre.

> **MORALEJA**
> Busca tu felicidad, pero no intentes reducirla a una fórmula.

LA FÓRMULA DE LA DURACIÓN DE LAS RELACIONES

En 2014, una noticia apareció en periódicos de todo el mundo. Una investigación encargada por el portal MSN realizada en 2.000 hombres y mujeres ingleses había determinado una fórmula para anunciar cuánto tiempo puede esperarse que dure una relación sentimental. La respuesta no era precisamente escueta:

$$L = 8 + 0{,}5\ Y - 0{,}2\ P + 0{,}9\ Hm + 0{,}3\ Mf + J - 0{,}3\ G - 0{,}5\ (Sm - Sf)\ 2 + I + 1{,}5\ C$$

Para entender esta fórmula, hay que puntuar entre 1 (poco importante) y 5 (muy importante) los siguientes factores:

Y: El número de años que hacía que los miembros de la pareja se conocían antes de iniciar la relación.
P: El número de parejas anteriores que sumaban las dos personas.
Hm: La importancia que el hombre atribuye a la sinceridad en la relación.
Mf: Importancia que la mujer atribuye al dinero en la relación.

J: Suma de la importancia que ambos atribuyen al humor.
G: Suma de la importancia que ambos atribuyen a la apariencia física.
Sm y Sf: Importancia que el hombre (m) y la mujer (f) atribuyen al sexo.
I: Suma de la importancia a las buenas relaciones con los familiares.
C: Suma de la importancia que se atribuye a tener niños.

En caso de que ambos miembros de la pareja dieran la máxima importancia a todos los parámetros, el resultado sería el siguiente:

$$L = 8 + 0{,}5\ Y - 0{,}2\ P + 0{,}9 \cdot 5 + 0{,}3 \cdot 5 + 10 - 0{,}3 \cdot 10 - 0{,}5\ (5 - 5)\ 2 + 5 + 1{,}5 \cdot 5 = 33{,}5 + 0{,}5\ Y - 0{,}2P$$

Si suponemos que se conocían dos años antes de iniciar la relación y que cada uno tuvo dos relaciones anteriores, el resultado sería de 33,7 años. Un cálculo verdaderamente optimista en los tiempos que corren.

> **MORALEJA**
> Una buena relación humana no necesita de fórmulas.

LOS PAÍSES MÁS FELICES DEL MUNDO

La Organización de las Naciones Unidas (ONU) publica cada año el *Informe mundial de la felicidad*, cuyos resultados se basan en los siguientes factores: el producto interior bruto (PIB) per cápita, el apoyo social, la esperanza de años de vida saludable, la libertad para tomar decisiones vitales, la generosidad y la percepción de la corrupción. Cabe notar que, mientras que algunos de estos factores son estrictamente cuantitativos (el PIB económico, por ejemplo), otros son estadísticos (esperanzas de vida) y otros son cualitativos, sobre los cuales deben hacerse estudios, encuestas de opinión, etc.

En el 2024, los veinte primeros países fueron Finlandia, Dinamarca, Islandia, Suecia, Israel, Países Bajos, Noruega, Luxemburgo, Suiza, Australia, Nueva Zelanda, Costa Rica, Kuwait, Austria, Canadá, Bélgica, Irlanda, República Checa, Lituania y Reino Unido.

Entre los países latinoamericanos objeto del estudio, México (puesto 25) es el mejor situado, seguido de Uruguay (26), El Salvador (33), Chile (38), Panamá (39), Guatemala (42), Nicaragua (43), Brasil (44), Argentina (48), Paraguay (57), Honduras (61), Perú (68), República Dominicana (69), Bolivia (73), Ecuador (74), Colombia (78) y Venezuela (79). Un caso muy comentado en 2024 fue el de Colombia, cuyo puesto se debe a múltiples problemas que han afectado a la percepción social de la felicidad.

MORALEJA

En muchos estudios sociales sobre la felicidad en grandes poblaciones, el factor económico tiene una importancia exagerada.

ÍNDICE DEL PLANETA FELIZ: EL CASO DE VANUATU

Un índice curioso es el del planeta feliz, que pondera la longevidad o esperanza de vida, el bienestar personal (datos de la encuesta Gallup) y la huella de carbono (toneladas de CO_2 por habitante y año), sin que intervenga directamente el PIB económico.

	País	Puntos	Longevidad	Bienestar	Carbono
1	Vanuatu	57,9	70,4	7,1	2,6
2	Suecia	55,9	83,0	7,4	8,7
3	El Salvador	54,7	70,7	6,4	2,0

	País	Puntos	Longevidad	Bienestar	Carbono
4	Costa Rica	54,1	77,0	6,4	4,4
5	Nicaragua	53,6	73,8	6,1	2,6
6	Dinamarca	53,0	81,4	7,7	10,0
7	España	53,0	83,0	6,5	7,1
8	Panamá	52,0	76,2	6,6	5,2
9	Francia	52,0	82,5	6,7	7,9
10	Chile	51,3	78,9	6,4	6,2

Algo falla. El mejor país resulta ser la República de Vanuatu, un pequeño archipiélago del Pacífico Sur con solo 300.000 habitantes. Y aparecen en buenos lugares países que tienen enormes déficits.

MORALEJA

Un uso adecuado de las técnicas estadísticas permite sacar conclusiones sobre temas sociales. Así pues, más estadísticas y menos fórmulas inventadas.

LA FÓRMULA DEL ROSTRO MÁS BELLO DEL MUNDO

Si bien nos hemos acostumbrado a los concursos que establecen el cuerpo más espectacular del universo (!), no ocurre lo mismo con el rostro. En 2012, la cadena de televisión británica ITV organizó un concurso con el objetivo de encontrar «el rostro [femenino] más bello del mundo». De las 8.000 chicas que se presentaron —sin maquillar y sin cirugía—, resultó escogida Florence Colgate, de dieciocho años. Dado que la prensa se hizo eco del evento (incluyendo, por supuesto, a *¡Hola!*), descubrimos un rostro sin duda agraciado. La joven Colgate era rubia, de grandes ojos azules y labios carnosos..., y muchos dijeron que debía de haber resultado difícil escogerla entre tantas competidoras. Eso es porque no sabían que la decisión se tomó con base en unas determinadas proporciones matemáticas.

Antes de empezar el concurso, se estableció que, para ser perfecto, un rostro debía cumplir tres condiciones: que tuviera una simetría perfecta, que la distancia entre las pupilas equivaliese a menos de la mitad del ancho total del rostro y que la distancia entre los ojos y la boca fuera un poco mayor que el tercio de la distancia entre la línea del cabello y la barbilla.

Al analizar los rostros, el jurado comprobó que Florence Colgate cumplía con asombrosa aproximación estas condiciones. Así pues, podemos afirmar que esta joven británica se acerca a la tradición clásica y que, sin saberlo, tiene mucho en común con la Gioconda.

Claro que este concurso de televisión no ha sido el único intento de encontrar el rostro objetivamente más bello del mundo. Un año antes de que se conociera a Florence Colgate, los investigadores (algo sátiros) de las Universidades de San Diego y Toronto realizaron una encuesta preguntando por la belleza de una gran muestra de rostros. Los requisitos que obtuvieron eran tan estrictos que ni siquiera Florence Colgate los cumplía —entre otros, la distancia entre ojos y boca debía representar el 36 % de la longitud del rostro—. En 2015, se hizo una investigación parecida en la Universidad de Kent, en la que se llegó a la conclusión de que el rostro perfecto se parecía mucho al de la actriz Natalie Portman.

Ante esta disparidad de criterios, me acuerdo de mi colega japonés M. Sugeno, quien incluyó en su tesis un estudio respecto a las opiniones de los hombres nipones sobre las partes del rostro femenino más atractivas. Su conclusión fue que la atención masculina no se dirigía a los ojos o la boca, sino... a las orejas.

MORALEJA

La belleza está más allá de cualquier esfuerzo científico. Cada cultura, incluso cada persona, tiene sus propios criterios. Al fin y al cabo, como dijo el humorista Noel Clarasó, «no hay que perder de vista que el ideal de belleza de un sapo es una sapa».

CAPÍTULO 4

EL EXPOLIO DEL AZAR

EL GORDO DE NAVIDAD SERÁ EL 03695

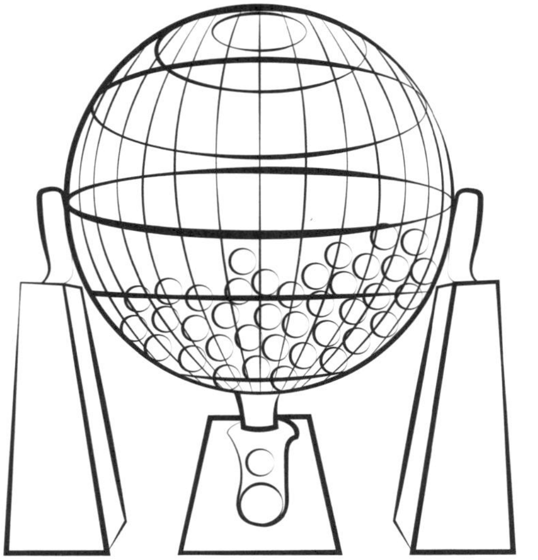

Cuando se trata de suerte,
tú creas la tuya.

Bruce Springsteen

Una clase de noticias falsas muy extendida es la relativa a los resultados de sorteos, como la lotería, pues el azar invalida la seguridad de estos.

De esta tendencia humana a intentar ganar juegos de azar nace la teoría de la probabilidad, cuya fórmula más usada es la que divide los casos favorables entre casos posibles.

Cuando escribo estas líneas, es final de agosto y estoy en una pequeña población. El sorteo de Navidad queda aún lejano, faltan cuatro meses, pero en la televisión veo muchas veces el anuncio con la siguiente advertencia: «Podría tocar en el pueblo donde estás ahora, ¿y si toca allí?». Como no deben de vender mucho en pleno agosto, intentan que trates de evitar que tus vecinos de veraneo ganen, y tú no. Más tarde, cuando voy a comer a una pequeña fonda y, luego, a tomar café al bar de la plaza principal, veo que ambos establecimientos tienen un letrero anunciando «Ya tenemos lotería de Navidad».

El azar es un fenómeno, pero también un gran negocio. Entre los juegos y apuestas del Estado, encontramos hoy una gran variedad de oferta: la lotería normal, la de Navidad, la del Niño, la de empresas, la primitiva, la bonoloto, el gordo, el eurodreams, el euromillones, la quiniela, el quinigol... El

Estado siempre ha tenido la ambición de generar ingresos, sin piedad, gracias a la ludopatía de sus ciudadanos. Pero también hay negocios particulares basados en juegos; por ejemplo, los bingos, las tragaperras que están en cualquier bar, los lujosos casinos (máquinas, póker, ruleta, *blackjack*, etc.) y las webs especializadas en apuestas *online*, que son auténticas casas de juego dedicadas a explotar todo tipo de creencias sobre penaltis, goles en prórroga, tarjetas rojas sancionadoras o goles de diferencia. De igual modo, hay quien se apoya en los sentimientos de las personas respecto a casos de invidencias o discapacidades, como la ONCE.

Asimismo, en torno al mundo de los juegos de azar, proliferan todo tipo de previsiones falsas para dar esperanzas a la gente. La interesante teoría de la probabilidad nació con la idea de facilitar cuantitativamente las opciones de ganar, pero en realidad el gran uso que podemos hacer hoy de ella es decidir no jugar, al permitirnos prever las pérdidas.

La mejor evaluación de probabilidad nunca la veremos en un examen de matemáticas, sino en el hecho de no volver a jugar dinero como resultado de lo estudiado. Los juegos de azar en los que no interviene el dinero pueden ser muy divertidos, perder dinero nunca lo es. Si se sigue jugando es porque la escuela no ha funcionado.

INTELIGENCIA ARTIFICIAL Y EL GORDO DE NAVIDAD

Dada la moda de la inteligencia artificial, era esperable que en 2023 se usara el GPT-4 para adivinar el número ganador del gordo de Navidad y el resultado fue el 03695. ¿Cómo se calculó? Parece que el GPT-4 se basó en los números ganadores de todos los sorteos entre 1812 y 2022 y determinó los dígitos que habían salido con más frecuencia en cada posición del cupón.

La probabilidad de que uno de los dígitos sea 0, 1, 2, 3, 4, 5, 6, 7, 8 o 9 es siempre 1 dividido por 10: 1/10 = 0,1. Lo que no tiene sentido es hacer la estadística histórica de las apariciones de un dígito, puesto que los sorteos son independientes los unos de los otros.

Hasta aquí lo que he escrito el 22 de noviembre de 2023. Las líneas siguientes las escribí el 22 de diciembre de 2023 una vez conocido el gordo del año: 88008. Cabe señalar que en la predicción sobre el 03695 no aparece ni un 8. Cuando la inmensa mayoría de los perdedores de la lotería de Navidad abandonan toda esperanza de obtener un premio decente, les queda el refugio de las terminaciones para asegurarse al menos un reintegro.

La terminación de una cifra más frecuente en el sorteo del gordo de Navidad ha sido el número 5, que ha salido en 32 ocasiones (el 4 y el 6 han salido cada uno 27 veces). Por su parte, la terminación de dos cifras más habitual ha sido el número 85, pues ha salido en 7 ocasiones. ¿Cuál va a ser la terminación del próximo sorteo? Un número entero entre 0 y 9. De nada te sirve recordar lo del 5 o lo del 85. En Navidad del 2023 fue un 8.

MORALEJA

En sorteos bien hechos, no influyen los resultados anteriores. Por tanto, no hay ningún interés en tener datos históricos de los números de lotería que han salido o de sus terminaciones.

GANANCIAS CON SORTEOS DE CESTAS DE NAVIDAD

El sorteo de una cesta de Navidad mediante boletos numerados exige aclarar dónde comprobar si se ha ganado y cuándo hacerlo, así como a qué lugar acudir a recoger su premio. Aquí reproduzco la información real de una cesta del 2023: «El número ganador de la gran cesta será el coincidente con las cuatro últimas cifras del número ganador del primer premio del gordo de fin de año, del sorteo realizado por la Lotería de Cataluña el 31 de diciembre de 2023. Si el talón no se ha vendido, el premiado será el segundo premio y, si no, el tercero del mismo sorteo. Precio: 2,50 € (cada boletín contiene dos números)».

Resulta curioso que, para una triste cesta, se vendan boletos con números de cuatro cifras, pero no está claro cómo se obtiene el premio. El sorteo se celebra y sale un primer premio: el número ganador queda fijo, pero se dice que, si no se ha vendido, se usará el segundo o tercer premio. Es decir, el premio queda subordinado a los números vendidos. ¿Y si no se han vendido los tres primeros premios? Un lío innecesario.

Asimismo, hay escuelas que incluso animan a sus alumnos de sexto de primaria a montar el sorteo de una cesta de Navidad para captar dinero con el objetivo de pagarse el viaje de fin de curso. Un caso real del 2023 consistía en vender 100 participaciones a 3 € con boletos numerados del 00 al 99. El ganador sería el número coincidente con las dos últimas cifras del sorteo de la ONCE del 16 de diciembre de 2023. La cesta en cuestión estaba compuesta de «bebidas, piña, galletas, turrones, barquillos, bombones, embutidos y queso».

Fíjate en algunas cosas. El hecho de usar solo números de dos cifras es un planteamiento modesto, pues no solo el ingreso máximo era de 300 €, sino que también la cesta sería algo pobre. Además, la descripción del contenido no era precisa, pues los productos mencionados podían ser muy diversos.

Lo realmente bueno para los organizadores de una cesta sería vender hasta 9.999 boletos —esto es, números de cuatro cifras, pues así venderían muchos (gran ganancia) o pocos (no se entrega el premio y todo es ganancia)— y que el premio sea para el número coincidente con las cuatro últimas cifras de un sorteo popular oficial, ya que así se ahorra en la organización. De este modo, la cesta, aunque sea maravillosa (las hay excepcionales por 245 €), puede ser que no toque a nadie.

> **MORALEJA**
>
> La organización de sorteos siempre beneficia al organizador si este tiene cierto nivel de inteligencia. No es admisible que se proporcione mala información sobre un sorteo o sus resultados. Es normal sospechar cuando no está claro en qué condiciones se entregará el premio.

UN SORTEO DE NAVIDAD OBSOLETO

El sorteo de Navidad de la Lotería Nacional con los dos bombos y las bolitas de los premios y los miles de bolitas de los números es un caso antiguo con estética decimonónica. En otros sorteos usan otros métodos para elegir los dígitos de los números ganadores y la cosa se resuelve con unas pocas bolas. Un mecanismo que sortee bien las diez bolas del 0 al 9 irá determinando los dígitos. Existen también recursos avanzados, como las tablas de números aleatorios.

No obstante, en este caso, hay otro factor relevante: los niños del colegio de San Ildefonso que van extrayendo bolitas y leyendo los números que aparecen. Ello lleva a un problema que en los últimos años ha sido de escándalo. ¿Cuál es el número ganador, el que se dice o el que aparece escrito en la lista oficial? Por los nervios, algunos niños se equivocan al leer sus números y hay quien celebra que su número haya sido premiado, pero, al ir a cobrar, descubre que su número se había leído por error y no tiene premio.

MORALEJA

Los sorteos tradicionales con miles de bolitas deben dar paso a otros más modernos, seguros, ágiles y sin fallos de lectura.

LOS NÚMEROS PREFERIDOS

Hay auténticas obsesiones con la elección de los números del sorteo de Navidad. En muchos casos, la gente quiere que no acabe en 13, que todos los dígitos sean diferentes o que no todos los dígitos sean iguales.

Asimismo, cada año surgen preferencias insólitas ligadas a acontecimientos. He buscado los datos oficiales de los últimos años. Por ejemplo, en 2020, se prefirieron números asociados a la pandemia (acabados en 19, día del decreto del estado de alarma; 14320, cuando se produjo el primer caso de covid, o 25120…). En 2021, la gente se decantó por aquellos números asociados al fichaje de Messi, el volcán de La Palma o la borrasca Filomena. En 2022, se buscaron más los números relacionados con la guerra de Ucrania (24222) o el día que desaparecieron las mascarillas (20422). Para el año 2023, los números más buscados fueron 06523, coronación de Carlos III de Inglaterra; 12623, fallecimiento de Silvio Berlusconi; 16723, victoria de Carlos Alcaraz en Wimbledon; 18623, implosión del *Titan* de OceanGate; 23723, elecciones generales; 24523, fallecimiento de Tina Turner; 26723, fallecimiento de Sinéad O'Connor, y 28523, elecciones municipales y autonómicas. Nótese que las calamidades y defunciones desempeñan un papel relevante.

MORALEJA

Tener preferencias en billetes de lotería es irrelevante. Solo demuestra la ignorancia del apostante sobre lo que es un juego de azar.

ALLÍ DONDE ESTÁ LA SUERTE: DOÑA MANOLITA

La vendedora de lotería más famosa de España es doña Manolita. Desde 1904, son famosas las colas de personas que intentan comprar décimos en las sucursales de Doña Manolita madrileñas, dado que, según todos los datos, en ellas se reparten muchos premios.

Doña Manolita, buena vendedora, añadió una buena leyenda: «Doña Manolita no dudó en desplazarse hasta Zaragoza para visitar a la Virgen del Pilar con el firme propósito de bendecir varios décimos que llevaba desde Madrid por el manto carmesí de la Virgen. La creencia, la casualidad o quizá la fe depositada hicieron que esos décimos fuesen premiados en el sorteo de Navidad». Asimismo, no hace mucho, en la Navidad del 2019, en Doña Manolita se repartieron el gordo, el segundo premio, el tercer premio, dos cuartos y tres quintos premios.

Hace unos años le salió un competidor en Sort: La Bruja de Oro, y también entonces, a pesar de ser ya época digital, se hacían excursiones en autocar al pueblo para comprar décimos y se formaban colas, pues fueron muchos los premios que repartió esta administración.

MORALEJA

Como es obvio, quien más décimos vende más premios reparte, pero este hecho no afecta al décimo que uno compre. Por tanto, no tiene sentido identificar la suerte de vender muchos billetes de lotería con el hecho de que a un cliente que compra uno le toque algo.

CARA O CRUZ

Uno de los juegos de azar más viejos del mundo consiste en tirar una moneda al aire y apostar por que salga cara o cruz. Como es evidente, si la moneda está trucada y, por ejemplo, pesa más una parte que otra, los resultados no serán equiprobables. En una moneda legal, sin embargo, cara o cruz tienen igual probabilidad de salir.

Recientemente, en los medios se ha difundido una noticia sobre Persi Diaconis, un mago aficionado y profesor de matemáticas en la Universidad de Stanford. Diaconis afirma lo siguiente:

> Si se lanza la moneda y se atrapa en la mano, la cara que quedaba hacia arriba antes del lanzamiento tiene algo de ventaja: un 51 % sobre un 49 % de la que queda abajo [...]. Pero no debes elegir la cara que esté hacia arriba, sino la que esté hacia abajo. La razón es que aquí entra en juego un segundo sesgo: *la mayor parte de las personas que echan una moneda al aire, la vuelven a voltear después de que les caiga sobre la mano* [...] cuando ponemos

la moneda sobre una mesa y la hacemos girar. El 80 % de las veces sale cruz, y la razón es que, en la mayor parte de las monedas, el grabado de la cara tiene algo más de material que el de la cruz. Eso hace que el peso se incline hacia ese lado, dejando la cruz (más ligera) arriba.

Esta es una afirmación más que dudosa, pero de las que excita al periodismo sensacionalista. Si la moneda está en curso legal, cara y cruz tienen igual probabilidad; no obstante, al tirarla varias veces, el número de ocasiones que sale cara y el que sale cruz irá variando.

MORALEJA

Solo los cambios de peso en diferentes partes o la mala fe de quien tira la moneda pueden alterar la igual probabilidad de salir que tienen ambas partes.

LO MEJOR A JUGAR EN EL CASINO

Dada la variada oferta de juegos que ofrecen los casinos, existen en la red multitud de páginas dando consejos sobre lo que más *conviene* apostar.

De las máquinas o *slots* se dice que resultan simples de jugar; del *blackjack* o 21, al ser sencillo y, según dicen, emocionante, se afirma que las probabilidades de ganar aumentan preparándose un poco. Siguen a estos juegos el bacará de cartas; la ruleta, que ofrece apuestas al 50 % de probabilidad (rojo o negro, par o impar…); los dados, que siempre son un recurso simple (dos dados cuya suma sea 7), etc.

¿Quién publica todos estos consejos? Pues los propios casinos o las casas de apuestas (físicas o virtuales). Intentan hacer creer que el hecho de que un juego sea fácil aumenta las probabilidades de ganar.

MORALEJA

Como dijo Albert Einstein, «hay una manera segura de ganar dinero jugando a la ruleta: llevándote todo lo que está sobre el tapete de la mesa».

OCURRENCIAS DE PROBABILIDAD CERO

Hay multitud de fenómenos que, en teoría, tienen probabilidad cero de que ocurran. Por ello, a veces se los denomina «sucesos imposibles». Tirar una moneda o una colilla y que queden perpendiculares al suelo, morir por la caída de la jaula de un loro verde desde un balcón, que te toque tres años seguidos el gordo de Navidad…, muchos eventos merecen enseguida la calificación de «imposibles».

Sin embargo, los de probabilidad cero se dan, y a veces a menudo. Quizá el error sea el uso del calificativo *imposible*, dado que, aunque se trate de sucesos de probabilidad casi nula, siempre hay un pequeñísimo margen de ocurrencia. Además, como son eventos raros, siempre los recordamos muy bien y nos da la sensación de que suceden con frecuencia.

MORALEJA

Los sucesos de probabilidad cero o casi cero pueden ocurrir, muy pocas veces, pero algunas.

APÉNDICE: AMULETOS Y RITUALES QUE ATRAEN LA SUERTE

Muchas son las noticias sobre amuletos que multiplican la suerte en un sorteo. Además, estos pueden llevar aparejado un ritual que determine la atracción del dinero.

Entre los clásicos, cabe destacar los siguientes:

- Una herradura, que puede colgarse en una puerta con el décimo de la lotería.
- Una imagen de san Pancracio, el santo de la suerte, debajo del cual se colocan los décimos de la lotería y un ramito de perejil.
- Una moneda de oro, que debe meterse en el bolsillo unos días antes.
- Una llave antigua para llevar en el bolso varios días.
- Un alfiler, que se lleva en la chaqueta el mismo día del sorteo.
- Un trébol de cuatro hojas fresco o en su versión joya colgante.

  – En Estados Unidos hay una empresa que produce hasta 10.000 tréboles de cuatro hojas al día gracias a una técnica genética. No obstante, los trabajadores de esta empresa no parecen haber ganado nunca la lotería.

- Una pata de conejo, que debe llevarse encima colgada de una cadena de plata o cinta de seda roja. Ha de ser la pata trasera izquierda de un conejo sacrificado un viernes 13, en luna nueva o llena.
- Una planta del dinero o *Plectranthus*, una popular planta de interior proveniente de Madagascar. Se ha de cortar una hoja el 21 de diciembre y dejarla secar en la cartera.
- Quemar un décimo antiguo, dado que se cree de mala suerte tener un décimo no ganador mientras se espera un nuevo sorteo.
- Tener en cuenta los colores de la suerte, como el rojo o el amarillo (todo esto depende del país), y llevar una prenda de este color el día del sorteo.
- Frotar un décimo en la barriga de una embarazada o en la joroba o calva de alguien.
- Entrar a comprar décimos con un pie determinado.
- Comprar décimos en fechas especiales, como cumpleaños, aniversarios, victorias deportivas, fallecimiento de alguien muy popular…

- Acariciar la cola de un gato negro nueve veces seguidas.
- Conseguir ciertos materiales para atraer la suerte (por ejemplo, labradorita, gemas, maderas, papeles, metales, clavos de hierro, imanes, bellotas, ramas de canela).
- Hacerse con figuras que traen buena suerte: elefantes con trompa levantada, budas sonrientes, pirámides…
- Llevar tres llaves en un llavero.
- Poseer una carpa dorada.
- Encender fuego, en especial una vela con forma del símbolo del dólar y dejar que se consuma.
- Echar agua mineral en una botella con el escrito «Suerte en la lotería» pegado en ella, palabras que se han de repetir al beber cada día agua de ella.
- Hacer rituales con inciensos, como la canela o la mirra. Este ha de ponerse en una maceta y dejarlo que se consuma mientras se lee un mensaje escrito con los números de los décimos y mensajes invocando la suerte.
- Saludar a la luna nueva, símbolo de fortuna y esperanza, mostrando billetes y décimos y pidiéndole tener suerte en el próximo sorteo.
- Cerrar los ojos en el momento de comprar el décimo y, al abrirlos, mirar un número de una cifra del lugar y pedir el décimo con aquella terminación.
- Guardar el décimo comprado en un lugar oscuro dentro de un sobre negro.
- Aplicar el *feng shui* situando los décimos en un rincón de casa con decoración especial (fotografías, recuerdos, cartas...).
- Llevar un nudo místico rojo, que es el símbolo del infinito (un 8 horizontal).

A medida que iba recopilando esta lista de amuletos y rituales, cada vez sentía más vergüenza, pensando en toda la gente que cree en esto y en tantos periodistas que escriben periódicamente sobre este tema.

MORALEJA

Resulta irracional relacionar amuletos y rituales con los resultados de un sorteo.

CAPÍTULO 5

COSMÉTICA *FAKE*

DALE ALEGRÍA A TU CUERPO, MACARENA

Dale a tu cuerpo alegría, Macarena,
que tu cuerpo es *pa* darle alegría y cosa buena.
Dale a tu cuerpo alegría, Macarena.
Hey, Macarena, ay...

Los Del Río

Médicos, cirujanos, químicos, farmacéuticos, fisioterapeutas, quiromasajistas, peluqueros, esteticistas, dermatólogos..., hay muchísimas profesiones dedicadas a las cremas milagrosas, los masajes, el combate contra las arrugas prematuras, la lucha contra la edad, la mejora estética facial o corporal, etc. Te doy la bienvenida a la cosmética *fake*.

La oferta cosmética internacional abarca todo tipo de sueros, cremas, geles y lociones con finalidades diversas, como hidratar, rejuvenecer, luchar contra la edad, eliminar arrugas, tensar, tonificar, etc., ya sean para el rostro o el cuerpo, destinados a algunos hombres y a todas las mujeres.

Como la competencia entre fabricantes es inmensa, se destina una enorme inversión a la publicidad y hay una lucha bestial entre los anuncios de estos productos de cosmética. Junto con las poéticas promesas de juventud, tersura, luminosidad, brillantez, etc., a menudo se hace referencia a tantos por ciento extraordinariamente precisos (87 %, 94,55 %...) sin que se den explicaciones de cómo se han obtenido estos números.

Ya hace tiempo, la periodista Lara Bonilla publicó un lúcido artículo titulado *Publicidad con arrugas*. Entre otras cosas, decía lo siguiente:

> Cremas antienvejecimiento anunciadas por mujeres de 20 años que carecen de arrugas. Productos depilatorios que intentan depilar piernas sin pelo. Cremas anticelulíticas aplicadas en piernas de piel firme y fina. Estos son los anuncios a los que nos tiene acostumbrados la publicidad de productos de estética y belleza femenina.
>
> [...]
>
> La ASA ya vetó el año pasado anuncios de Lancôme y Maybelline protagonizados por la actriz Julia Roberts y por la modelo Christy Turlington, en los que aparecían sin ninguna arruga tras pasar por el Photoshop.
>
> [...]
>
> Los psicólogos alertan de que las campañas publicitarias de productos de belleza están creando, con tantos retoques, un parámetro de belleza falso que es inasumible para la mayoría.
>
> Un estudio de Dove Self-Esteem reveló en EE. UU. que el 80 % de las mujeres se sienten inseguras con su imagen por culpa de los ideales de perfección que exhiben actrices y modelos gracias al Photoshop.

Un recurso falso en publicidad es mostrar unas entrevistas a una persona famosa para difundir erróneamente que esta usa un producto determinado. Los casos de Ana Belén y de la reina Letizia se han comentado mucho. En concreto, se ha atribuido a la reina la promoción de las cremas Auvela, supuestamente rejuvenecedoras.

MORALEJA

La publicidad de cosméticos a veces usa los números malévolamente para atribuir supuestos éxitos a componentes considerados milagrosos en ciertos productos. Dar esperanzas antiedad no justifica el engaño.

SMYRNA Y SU CREMA DE RETINOL

La casa Smyrna produce una crema a base de retinol que asegura que es «antienvejecimiento, cuida de la piel, es crema facial, contiene suero de vitamina C, vitamina E, ácido hialurónico y té verde para arrugas».

En su anuncio, además, aparecen los típicos tantos por ciento: un preciso 90 % de buena piel, un curioso 82 % de una piel muy clara y un exacto 87 % de un tono envidiable. ¡Difícil de mejorar!

Por lo visto, tras ocho semanas de aplicación, hay efecto de +27 % en *lifting*, +38 % en firmeza, +35 % en elasticidad, +48 % en suavidad, −21 % de arrugas, −22 % de manchas y +22 % de uniformidad de tono. Estos resultados se derivan de un estudio clínico de 84 mujeres y, casualmente, resultó que el 84 % de estas cambiarían de crema habitual a esta nueva maravilla.

Cabe resaltar que los tantos por ciento se expresan con números positivos o negativos. Que las manchas (contables) disminuyan en un 22 % podríamos creérnoslo, pero lo de reducir el 21 % de las arrugas, aunque sea prometedor, resulta complicado de verificar. El 84 repetido en tres ocasiones lleva a sospechar que se tomaron solo datos de 84 mujeres.

MORALEJA

La credibilidad de un producto empieza por la forma en que se publicita. El exceso de exactitud numérica nunca es creíble.

EL PLAN POND'S BELLEZA EN SIETE DÍAS

La crema facial de Pond's fue un invento neoyorquino de Theron T. Pond en 1846 que se fue expandiendo durante los siglos XIX y XX. En España, se volvió famosa en 1950 por su famoso «plan de belleza de siete días». Muchos productos innovadores los ha producido esta empresa, que durante años ha sido «la elección de las mujeres de la alta sociedad», según esta. El eslogan de aquel entonces era «Ella es una mujer ocupada pero hermosa». El tema que aquí queremos resaltar es este compromiso tan preciso de alcanzar la belleza en tan solo una semana teniendo el rostro que se tenga.

MORALEJA

Las prisas son malas compañeras de viaje. La bondad de un producto no debe basarse en la rapidez de sus efectos.

JUVENTUD EN EL CORAZÓN DE LA CÉLULA

Este bonito lema figura en los anuncios de la crema regeneradora celular Avène Hyaluron Activ B3, con «ingredientes de origen natural y poderes reafirmantes y regeneradores del 92 %». Se afirma que reduce las arrugas y que el 97 % de las mujeres tienen la piel más firme después del tratamiento. Tras quince días de aplicación, «las arrugas se corrigen», según asegura la marca.

MORALEJA

Si bien la presencia de cifras elevadas, como el 92 % o el 97 %, parecen transmitir la idea de eficacia y éxito, algunos anuncios ni siquiera se entienden. ¿Qué quieren decir con lo de que las «arrugas se corrigen»?

NIVEA Q10: LA CREMA ANTIARRUGAS

La popular crema Nivea Q10 asegura reducir las arrugas en cuatro semanas y tensar la piel después de dos semanas de uso diario gracias a su fórmula con coenzima Q10 y aceite de argán. Asimismo, asegura 24 horas de nutrición.

¡Realmente poderosa! ¿Qué pasa si se usa la crema 52 semanas seguidas? Me viene a la memoria la obra de Jardiel Poncela *Cuatro corazones con freno y marcha atrás*, cuyos protagonistas, en lugar de envejecer, van rejuveneciendo.

> **MORALEJA**
> Las promesas antiarrugas no siempre se basan en datos reales.

DEDOS, TESTOSTERONA Y PERSONALIDAD

Es sorprendente que la longitud de los dedos dé lugar a una clasificación de los hombres en tres grupos que se corresponden con rasgos personales especiales. El siguiente anuncio se ha reproducido en multitud de medios.

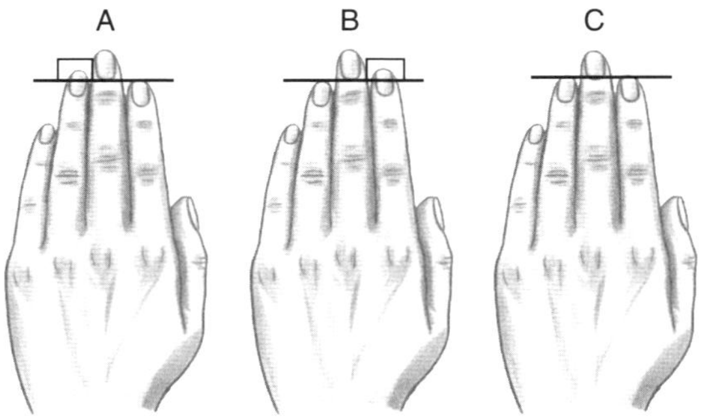

> Resulta que tu mano puede decirte mucho sobre tu personalidad [...]. Esta investigación se centra en tus dedos [...]. El secreto está en tu dedo anular y dedo índice. Estos dedos pueden decir mucho sobre qué tipo de hombre eres. Sí, esta prueba solo se aplica a los hombres porque la longitud de estos dedos indica el nivel de testosterona en los hombres. Hay tres tipos: A, B y C.

A. El dedo anular es más largo que el dedo índice:

Aquí estamos hablando de hombres guapos. Son encantadores y pueden llevarse bien con todos. Sin embargo, son un poco más agresivos y se arriesgan rápidamente. Esto también significa que estas personas a menudo ganan más dinero que sus colegas con un dedo anular más corto.

B. El dedo anular es más corto que el dedo índice:
Los hombres con estas manos tienen mucha confianza e incluso pueden ser un poco narcisistas. Estas personas no tienen problemas para estar solos a menudo y no les gusta que les molesten. Cuando se trata de amor, no se aventuran mucho. Ellos no son los que hacen el primer movimiento.

C. El dedo anular y el índice son de la misma longitud:
Tal vez esto ya diga suficiente. Los hombres con estas manos son buenos meditadores, muy leales y amorosos. Todo está equilibrado con estas personas. Están tranquilos y todo parece funcionar sin problemas, como si todo estuviera organizado.

MORALEJA

La singular mezcla de medidas de dedos, testosterona, belleza personal, amor y lealtad ya invalida el anuncio por completo.

EL FRAUDE DE LA OFERTA DE TALLAS

El caso de las tallas de ropa en España es un auténtico escándalo, pues la mayoría de ellas no reflejan las medidas reales de la población.

Tener datos fiables de la antropometría española es esencial para que las tallas se ajusten en todo el país a la realidad del momento. Por ello, los institutos de estadística, los gabinetes de investigación antropométrica, la industria y los ministerios correspondientes realizan con cierta periodicidad estudios muy pormenorizados de la población y su evolución.

EL 40 % DE LAS MUJERES TIENEN PROBLEMAS PARA ENCONTRAR TALLAS ADECUADAS A SU CUERPO

En 2008, liderado por el Ministerio de Sanidad y Consumo, se realizó el *Estudio antropométrico de la población femenina española*, con datos de 10.415 mujeres. El punto motivador del estudio fue detectar que un 40 % de las mujeres decían tener problemas para encontrar tallas adecuadas. El trabajo fue realizado con un gran rigor estadístico: abarcaba diez grupos por edades de doce a setenta años, poblaciones de residencia, etc., es decir, que se minimizaron los posibles errores. Destaquemos algunas conclusiones:

- Las mujeres son cada vez más altas. Si en el intervalo 18-19 años la media es de 162,6 centímetros, en el intervalo 60-70 años es de 154,7.
- En cuanto al peso e índice de masa corporal, se da un 56,2 % de normalidad, un 6,4 % de delgadez, un 24,90 % de sobrepeso y un 12,4 % de obesidad en distintos grados. Por tanto, hay kilos de más en un 37,3 % de la población femenina.
- Los datos indican que en las tallas debería haber un margen de 4 centímetros para pecho (90-94 centímetros), cadera (98-102) y altura (166-170).
- Las tallas industriales actuales se basan en medidas definidas en 1972 que hoy están obsoletas.
- Entre un 40 y un 50 % de las mujeres declaran no encontrar tallas adecuadas, mientras que alrededor de un 12 % de ellas parecen no tener problema.

UN 60 % DE LOS HOMBRES TIENEN PROBLEMAS CON LAS TALLAS

Entre 2013 y 2014, se realizó otro estudio antropométrico de la población masculina española con 1.583 hombres de diferentes autonomías con edades entre los doce y los setenta años. Para llevar a cabo las mediciones, el Instituto de Biomecánica de Valencia IBV [5] usó lo último en tecnología de escaneado láser, que recoge la morfología 3D del cuerpo mediante una nube de puntos con una tolerancia de 1 milímetro.

El estudio antropométrico desveló las medidas actuales del hombre español y destacan los siguientes datos:

- El español medio mide 173,1 centímetros (1,3 más que en los noventa). En los jóvenes de entre 18 y 34 años la media es de 175,3 centímetros, mientras que, en mayores de 55 años, la media es de 167,4. De esto se deduce que los hombres son cada vez más altos.
- Con relación al peso y el índice de masa corporal, el 11,8 % tiene obesidad; el 37,5 %, sobrepeso; el 4 %, delgadez leve, y el 46,7 %, un peso normal. El sobrepeso afecta ya al 34,4 % de los jóvenes y la obesidad, al 9 %. El estudio concluye que «el porcentaje de la población con sobrepeso se duplica con la edad y el de obesidad se llega a triplicar». Se trata, pues, de una situación peor que la femenina.
- El 60 % de los hombres tienen dificultades para encontrar talla, frente al 40 % de las mujeres. En el 85 % de los casos, hay un problema en los patrones y sus medidas; resultan críticos los casos de las camisas y pantalones.

MORALEJA

La industria española de la confección de ropa debería estudiar de nuevo a la población española para que las prendas se ajusten a un porcentaje más alto de personas.

CAPÍTULO 6

MEDICINA *FAKE*

EL AJO Y LA CEBOLLA CONTRA EL CÁNCER

Una persona sana es un enfermo mal diagnosticado.

DR. JOSEP LAPORTE

Médicos, cirujanos, químicos, farmacéuticos, fisioterapeutas, homeópatas, acupunturistas, herboristas, nutricionistas, oculistas, dermatólogos, osteópatas, reflexólogos…, una gran serie de profesiones giran en torno a nuestro cuerpo, lo cual ha llevado al espectacular desarrollo de una gama publicitaria muy agresiva relativa a evitar molestias típicas, dolores de espalda, exceso de peso, etc. Cuanto más común es una afección, más remedios y tratamientos aparecen. Y siempre se recurre el argumento de que, si no funciona, tampoco hace daño.

Periódicamente, se realiza una encuesta en España sobre la percepción social de la ciencia. Los resultados de 2017 son desalentadores: un 59,8 % cree en la acupuntura, un 52,7 % avala la homeopatía, un 22,9 % confía en los curanderos y un 28 % cree en la numerología y los amuletos de la suerte. Asimismo, un 14,7 % de la población valora positivamente los horóscopos. Así nos va.

Pero hablemos de los productos que se usan. Aquellos denominados «milagrosos» son «sustancias, actividades o servicios con aparente finalidad sanitaria, pero que realmente suponen un riesgo para la salud de los consumidores y usuarios». Muchos de ellos son medicamentos que, al no poder venderse como homologados, acaban en el mercado como productos alimentarios o complementos dietéticos.

Los milagros prometidos son reducir la obesidad, eliminar la celulitis o las arrugas, incrementar la potencia sexual, aumentar la medida del pene y el volumen de las mamas, mejorar la memoria y, por supuesto, tener efectos maravillosos en enfermedades graves (cáncer, diabetes, corazón, artritis, alzhéimer).

Para obtener milagros, es mejor ir de peregrinación a Lourdes.

LOS 361 PUNTOS DE LA ACUPUNTURA

El gran geómetra griego Euclides ya dijo con absoluta modestia que dos puntos determinan una recta. Poco podía sospechar que los de la acupuntura iban a trabajar a la vez con 361 puntos.

La acupuntura es una parte de la medicina tradicional china que se supone que restaura el equilibrio del sistema energético vital del organismo mediante unas finas agujas que se introducen en algunos de los 361 puntos esenciales que se cree que hay en el cuerpo. Esta barbaridad de puntos se encuentran situados en lo que se conoce como «doce meridianos», que se corresponden con doce órganos vitales: pulmones, intestino grueso, intestino delgado, bazo-páncreas, corazón, riñones, vejiga, sistema cardiocirculatorio, vesícula biliar, hígado, vaso de la concepción, vaso gobernador y triple recalentador.

Que un pinchazo en una oreja sirva para adelgazar siempre resulta algo fascinante. Y es que las agujas, como sucede con las hierbas, vienen respaldadas por el argumento de que no causan ningún daño.

MORALEJA

No causar daño no implica hacer bien. Déjate pinchar solo si tienes una fe inmensa en la medicina china tradicional.

LOS 7.000 PUNTOS EN LOS PIES Y LA REFLEXOTERAPIA

La reflexoterapia consiste en tratar algunas enfermedades mediante masajes en ciertas partes del cuerpo. Con la aparición de los centros de fisioterapia o quiromasajes, así como de los relajantes spas, esta técnica ha ido ganando popularidad.

Las áreas de la reflexología en el cuerpo humano son tres: orejas, manos y pies, y para cada una de ellas se dispone de complejos mapas de puntos clave. En estos puntos, se aplica presión con las manos.

El caso más popular es el de los pies, donde hay 7.000 puntos relevantes. Así, si el problema es un dolor de cabeza, se supone que masajear los puntos conectados a este dolor lo atajará.

Es indiscutible que la reflexoterapia resulta relajante y agradable y que es buena para el sistema muscular o la circulación, etc. En teoría, lo que promete este método es enviar una señal por el sistema nervioso hasta el cerebro, que la envía al órgano dañado para curarlo.

Por ejemplo, entre los beneficios generales de la reflexoterapia de manos, se publicitan los siguientes: alto poder relajante, eliminación de toxinas del cuerpo, refuerzo del sistema inmunitario, aumento del nivel de energía, disminución del estrés y los estados de ansiedad, alivio de tensiones, reducción del insomnio y mejora de nuestra salud general. Y los beneficios concretos se consideran que mejora la movilidad, alivia el dolor si padeces artritis crónica de la mano, relaja la musculatura, mejora la rigidez de tendones y nervios de la zona de brazo y mano, disminuye calambres en manos y brazos debidos a trabajos manuales y mejora la circulación sanguínea.

En el caso de las manos, los puntos clave que se han de presionar son la parte superior de los dedos, los nudillos, la palma, el pulgar, el índice, el dedo corazón, el anular y el meñique. Por ejemplo, se dice que si padeces dolores estomacales y migrañas, el pulgar es el punto clave, que el dedo anular está ligado a los problemas digestivos o que el dedo más pequeño está relacionado con el corazón. ¡Uf!

MORALEJA

Siente admiración por alguien que sepa localizar 7.000 puntos clave en tus pies. No obstante, la reflexoterapia solo te hará algún efecto si tienes una fe profunda en el Imperio del Sol Naciente, aunque sea placebo.

LA MILAGROSA CEBOLLA

La cebolla es un producto excelente en nuestra cocina, pero sus fans le atribuyen propiedades excepcionales. Por lo visto, va bien en caso de padecer enfermedades respiratorias o cardiovasculares, mala circulación sanguínea, bajadas de tensión, resfriados y gripes, etc. Sirve incluso en caso de insuficiencias renales, gota, cálculos renales, edemas y, sorprendentemente, algunos cánceres.

Según la empresa productora Enrique Romay, la cebolla cumple otros objetivos distintos a los ya mencionados: es fuente de vitaminas y minerales (azúcar, vitaminas A, B_6, C y E, sodio, potasio, hierro, fibra, ácido fólico), es depurativa, antioxidante, diurética y ayuda a la digestión, controlando con ello el peso. Además, es un arma natural contra el envejecimiento.

Lo más sorprendente es la acción de la cebolla contra los cánceres de intestino, ovario y pecho, pues se cree que algunas de sus sustancias tienen el poder de detener el crecimiento de ciertas células. Puedes consultar la web Cancer Quest [6] o descubrir hasta 16 usos de la cebolla para la salud en la web Mejor con Salud [7].

Hace años, hizo fortuna un libro del que se vendieron miles de ejemplares y cuyo atractivo título era *El ajo y la cebolla contra el cáncer*. Hoy, hay numerosas páginas web dedicadas al tema [8] en las que se leen promesas como la siguiente: «Los resultados alcanzados demuestran que, comiendo unos *100 gramos de cebolla por semana, se reduce el riesgo de cáncer de estómago en un 40 %*, mientras que comer *un poco de ajo todos los días lo reduce en un 30 %*».

MORALEJA

Que ciertos productos naturales, como el ajo y la cebolla, contribuyen a la salud en cierta medida es evidente, pero de ahí a dar grandes porcentajes sobre los efectos positivos que tienen en enfermedades graves va un trecho.

LAS MARAVILLAS DE LOS HERBOLARIOS

Una tradición ancestral es la de recolectar hierbas que, convenientemente hervidas y con una buena dosis de fe, se supone que curan males y dolores de lo más diversos. Un conocido herbolario de Barcelona con el provocador nombre de El Herbolario del Cielo aclara su objetivo: «Contamos con más de 450 plantas con las cuales elaboramos fórmulas magistrales totalmente personalizadas. Dinos cómo es tu necesidad y te ayudamos a encontrar la fórmula que necesitas». Y es que, hoy en día, muchos de estos establecimientos, aparte de las tradicionales plantas medicinales, ofrecen una gran gama de tés, bebidas vegetales, cosmética natural, preparados alimenticios, etc.

Las estadísticas demuestran que, en general, las hierbas no producen efectos indeseables y que algunas infusiones solucionan pequeños problemas (mala digestión, resfriado, nervios...), pero no puede demostrarse la eficacia de muchos remedios para curar problemas graves de salud, más allá del efecto placebo. No obstante, como el efecto placebo tiene un 40 % de éxito, nunca debe despreciarse.

Dado que todo lo natural se presenta como saludable, seguro, beneficioso e inocuo, el adjetivo *natural* aparece a menudo en etiquetas de alimentos, medicamentos o productos de cosmética. Sin embargo, en España, está prohibido por ley utilizar «el término "natural" como característica vinculada a pretendidos efectos preventivos o terapéuticos» (Real Decreto 1907/1996, de 2 de agosto, sobre publicidad y promoción comercial de productos, actividades o servicios con pretendida finalidad sanitaria). Sin embargo, esta ley no parece ser muy respetada.

MORALEJA

Los remedios de los herbolarios solo son creíbles en determinados aspectos muy básicos.

EL *GREENWASHING* DE MCDONALD'S

Así empieza el famoso poema del *Romancero gitano* (1928) del gran Federico García Lorca (1898-1936):

> Verde que te quiero verde.
> Verde viento. Verdes ramas.
> El barco sobre la mar
> y el caballo en la montaña.

Este poema podría ser hoy clave en la lucha contra el *greenwashing* o publicidad verde engañosa, una plaga que hoy afecta al 90 % de los productos que se venden gracias a que se asegura que estos son sostenibles.[9] Esta técnica también se denomina «lavado ecológico», «ecoblanqueamiento» o «*marketing* verde».

Afortunadamente, son muchas las personas, empresas y ONG que hoy se preocupan por este tema y, en 2019, se calculó que el 73 % de los consumidores de todo el mundo estarían dispuestos a cambiar sus hábitos de consumo para combatir el impacto negativo en el medioambiente.

No obstante, también son abundantes las campañas publicitarias que intentan disimular la alta actividad contaminante dando una imagen falsa de respeto hacia la naturaleza. Un caso espectacular de *marketing* verde ha sido el de las empresas de comida rápida, que han intentado mostrar que están comprometidas con el medioambiente mediante diferentes acciones. Su uso del color verde a partir del 2010 no ha impedido que sigan adquiriendo carne y soja, lo que agrava la destrucción de lugares como la Amazonia.

MORALEJA

Aunque la mona se vista de seda, mona se queda. La ecomona también.

LAS ENCANTADORAS BOLITAS DE LOS HOMEÓPATAS

La homeopatía es una práctica de medicina alternativa creada en 1796 por Samuel Hahnemann. Esta se basa en que lo similar cura lo similar; esto es, una sustancia que causa los síntomas de una enfermedad en personas sanas cura lo similar en personas enfermas.

La homeopatía está sostenida por una base matemática de logaritmos y potencias numéricas: la escala centesimal o escala C, creada por Hahnemann. Esta consiste en diluir una sustancia por un factor de 100 en diferentes etapas del proceso. Por ejemplo, una disolución 2C requiere que se diluya una parte de una sustancia en cien y que, luego, una parte de esta disolución se vuelva a diluir por el mismo factor. Esto da como resultado un preparado con una parte de la sustancia original por cada 10.000 partes de solución.

Así, en una solución 6C se repite el proceso de disolución seis veces y se obtiene el siguiente resultado: $100^{-6} = 10^{-12}$. De este modo, tenemos una disolución de una parte en 1 billón o 1/1000.000.000.000. Esto responde a la idea homeopática de que aquellas sustancias más diluidas son remedios más fuertes. Creo que sobran los comentarios.

MORALEJA

Las proporciones de los componentes de los medicamentos son importantes, pero su validez precisa de ensayos clínicos rigurosos. La homeopatía es esperanza presentada en forma de bolitas, cuya validez científica nunca se ha probado.

LAS FLORES DE BACH

Como observarás, en este apartado no se emplean las matemáticas para prevenir la utilización de estas flores, sino que la inexistencia de números o datos estadísticos al respecto ya sirve para sospechar de los dudosos efectos del producto.

Las flores de Bach o remedios florales de Bach no tienen nada que ver con el admirado músico, sino con el doctor inglés Edward Bach (1886-1936). Este se inició en la homeopatía, pero pronto montó su propio negocio inventando 38 preparados florales cuyas soluciones se diluyen en una mezcla de agua y brandi (tintura madre), que a menudo en el comercio se diluye en otro líquido alcohólico. Se supone que el sol matutino atravesando las gotas de agua con las flores transfiere el poder curativo floral al agua.

Estos preparados, según su creador, cubren «todos los aspectos negativos mentales y emocionales que provocan las enfermedades», una especialidad que se conoce como «medicina energética» o «vibracional». Cada uno de los 38 remedios se venden en unas botellitas que, a su vez, permiten crear otras combinaciones. También se ofrece el denominado «remedio de rescate» con cantidades iguales de rosa de roca, impatiens, clemátide, estrella de Belén y ciruela cereza.

En teoría, las flores de Bach se indican para cualquier estado de ansiedad, depresión, exámenes, fobias, situaciones personales difíciles, etc. Incluso hay remedio para la ansiedad frente a los exámenes de matemáticas.

En el Herbolario del Cielo de Barcelona hacen preparaciones personalizadas de estas flores con un ritual que usa varas de zahoríes, incluso para los animales de compañía.

Observa cómo se describen cuatro de los remedios:

Centaury: Manténgase firme

No sé decir que no, pese a mis propias necesidades. Reafírmate con Flor de Bach® Original Centaury.

Chestnut Bud: Aprender de los errores

Siempre repito los mismos errores. Profundiza en tu conocimiento interior con Flor de Bach® Original Chestnut Bud.

Heather: Comunicación franca

No me gusta estar solo y busco la compañía de otros.

Desarrolla la empatía y aprende a escuchar con Flor de Bach® Original Heather.

Vervain: Mantén el entusiasmo

A veces, mi entusiasmo me lleva al exceso. Relájate y descansa con Flor de Bach® Original Vervain.

Las flores de Bach se toman directamente del frasco o mezcladas con alguna bebida, preferentemente agua sin gas. Son dos gotitas cada vez y se recomienda cuatro gotas cuatro veces al día, aunque también hay pastillas y chicles. Una guía interactiva para hacer selecciones florales se encuentra en la web Nelsons [10].

Dado que, por lo visto, las flores de Bach «desbloquean la energía que se ha quedado estancada» en nuestro cuerpo, quizá fuese buena idea ingerirlas durante una sesión de masaje manual reiki, pues este te asegura que tiene como objetivo canalizar la energía vital universal.

MORALEJA

La vergüenza es que este invento de las flores de Bach se siga vendiendo en farmacias y otros comercios y que el efecto placebo se pague a precios exagerados.

Deberíamos exigir pruebas estadísticas de los resultados de estas flores o protestar ante los organismos de salud para que las retiren de las farmacias.

¿MÁS CALORÍAS O MENOS?

En etiquetas y dietas, se sigue dando información sobre las kilocalorías por kilo o los kilojulios por kilogramo de alimento. La primera confusión surge entre las calorías que aporta una medida general y las que de verdad aporta el producto etiquetado (se informa, por ejemplo, sobre kilocalorías por kilogramo en un paquete de 125 gramos).

Una segunda fuente de falsedades son las creencias populares que solo los números pueden ayudar a desmentir. Por ejemplo, si aportan más calorías los garbanzos que las judías secas; si la miel aporta lo mismo que las mermeladas con azúcar; si las verduras congeladas dan menos aporte calórico que las naturales; si 100 gramos de cacahuetes equivalen a más de 650 gramos de patatas cocidas; si la leche de vaca en polvo es muchísimo más calórica que la normal; si el jamón dulce o de York equivale a la mortadela, o si el solomillo de ternera proporciona la mitad de las calorías que el bistec.

MORALEJA

Fíate más de los números de calorías de los alimentos que en las creencias populares. Las comparaciones anteriores marcan el camino.

PESO Y AGUA PARA BEBER

Hay fórmulas para todo, incluso para saber cuánta agua es conveniente beber cada día en función del peso. En una información escrita para el mundo anglosajón, se dio la siguiente fórmula:

- **Fórmula para no olvidar:** (peso corporal en libras) / (2) = cantidad de agua diaria en onzas.
- **Por ejemplo:** Si una persona pesa 116 libras (52 kg) y divide su peso en dos, como resultado tendría 58 onzas (26 kg), por lo que tendría que beber unos 5 vasos por día.

Así, para un peso de 200 libras, resultarían 100 onzas de agua; es decir, 6 vasos de agua.

Recordemos lo siguiente:

$$1 \text{ lb} = 453{,}592\ 65 \text{ g} = 0{,}4359 \text{ kg} = 16 \text{ onzas}$$
$$1 \text{ kg} = 2{,}204 \text{ lb}$$

Un vaso de agua se presupone internacionalmente que equivale a 8 onzas = ¼ de litro, es decir, 1 litro = 32 onzas.

Los datos y medidas son correctos, pero esta fórmula no nos sirve para nada. En efecto, es bien sabido que lo más recomendado es beber 2 litros al día de líquido (más cantidad si se hace deporte), teniendo en cuenta que no solo se incluye el agua aquí, sino también sus fuentes indirectas, como fruta, sopas, tés, etc. De igual modo, también se sabe que las personas que padecen tiroides, problemas renales, trastornos hepáticos y enfermedades cardiacas deben beber más agua a lo largo del día, pues la buena hidratación es imprescindible.

Sin embargo, observa que 2 litros serían 64 onzas, lo que correspondería a personas con un peso de 2 × 64 = 128 kilos. Es decir, la dichosa fórmula solo es válida para personas muy obesas.

MORALEJA

Las medidas anglosajonas deben pasarse a unidades del sistema métrico decimal para comprobar si son creíbles.

UNA BOTELLA EN CADA COMIDA

Actualmente, la inmensa mayoría de las botellas de vino tienen una capacidad de 75 centilitros (tres cuartos de litro). Se sabe que este tipo de botella se creó a mitad del siglo XIX en Burdeos. Y ello lleva a la siguiente cuestión: ¿cómo es posible que, siendo la unidad francesa de capacidad 1 litro, no se fijara el contenido estándar de la botella de vino en 1 litro?

Varias son las razones y las leyendas que avalan esta decisión. Se consideró que 75 centilitros era la cantidad perfecta de vino para una cena de cuatro personas, así como la que un obrero podía consumir durante el almuerzo para poder seguir trabajando. Además, era una cantidad prudente de vino para que este envejeciera adecuadamente. Asimismo, el tamaño de estas botellas se adecuaba a la capacidad pulmonar de los vidrieros que tenían que soplar para fabricarlas. De igual modo, estas eran fáciles de etiquetar, cerrar y transportar.

Por otro lado, dado que había un gran interés por la exportación del vino a Inglaterra, se observó que, siendo el galón imperial inglés de 4,54609 litros, el barril de 225 litros llevaba unos 50 galones (225 = 4,5 × 50), lo que equivalía a 300 botellas de 75 centilitros; es decir, que 1 galón equivalía a 6 botellas de 75 centilitros. ¡Perfecto!

MORALEJA

El alcohol puede beberse, pero con moderación y tomando las medidas adecuadas.

EL MITO DE LOS HUEVOS DE LAS GALLINAS FELICES

El mayor interés de los consumidores por el buen trato animal y que los productos aseguren ser libres de crueldad ha llevado a que aumente considerablemente el número de empresas que aseguran cumplir con las mejores reglas posibles de crianza y explotación.

El caso de los huevos de gallinas merece nuestra atención. Hay gallinas que corren por un campo, las hay que se acumulan en una nave sin acceso al exterior, las hay prisioneras en jaulas (la cual debería tener unos 50 o 60 centímetros de largo, 30 de ancho y entre 25 y 40 de alto) y luego están las llamadas «gallinas ecológicas», que viven en cobertizos sin frío ni lluvia, se mueven al aire libre y comen tanto insectos que picotean como un pienso obtenido por cultivo ecológico, etc., por lo que se presentan como gallinas *felices*. Hoy, cada huevo lleva impreso en la cáscara un código como el que sigue: 0ES270030085802C. El primer dígito indica el tipo de producción (0, correspondiente a la producción ecológica; 1, de gallinas camperas, criadas al aire libre; 2, criadas en suelo; 3, criadas en jaula), las dos letras siguientes son del país (ES corresponde a España), los dos números siguientes son de la provincia (27 es Lugo), los tres siguientes son del municipio (003 es Antas de Ulla), los siguientes hacen referencia a la empresa productora y la letra final es el código del gallinero concreto.

MORALEJA

Con un código de tan solo cuatro dígitos quedan bien clasificados los huevos. Pero no te confundas: los mejores son los de la clase 0.

ANTES Y DESPUÉS

Un recurso clásico de la publicidad para resaltar los resultados de todo tipo de tratamientos (farmacéuticos, alimentarios, cosméticos, etc.) consiste en mostrar el antes y el después del tratamiento con dos imágenes de una misma persona. Si antes se veían arrugas, después han desaparecido; si antes era evidente la obesidad, después se aprecia una esbeltez envidiable.

Para reforzar el mensaje, a las fotos del antes y el después se unen palabras y, muy a menudo, números que intentan expresar el éxito («Ha desaparecido una de cada cuatro arrugas», «Pérdida de 15 kilos en dos semanas», etc.).

MORALEJA

Antes de creer en el mensaje del antes y el después, mira bien las dos fotos, pues en la mayoría de los casos hay trampa.

EL MARAVILLOSO DESCUBRIMIENTO DE NATALIA

Vamos a describir con cierto detalle este anuncio actual para adelgazar. En él, aparecen todos los recursos típicos de la publicidad engañosa. La cosa empieza con la siguiente afirmación: «He perdido peso en solo un mes, mi secreto es este producto barato». También aparece el logo de una tal IOA-International Confederation of Dietetic Associations y se anuncia que se trata de una de las noticias exclusivas: «¡Nutricionistas en estado de *shock*! ¡Cómo una estudiante de Madrid fue capaz de encontrar 1 ingrediente secreto que le ayudará a perder hasta 20 kg en solo 2 meses! Pero las grandes empresas farmacéuticas no quieren que lo sepas».

A continuación, se observan dos fotos comparativas de la descubridora, Natalia Gómez, se indica su historial nutricional y se habla de su pérdida de 26 kilos en dos meses. Ojo al salto de 20 a 26. Pero eso no es todo. También vemos las fotos del antes y el después del novio, Antonio García, que ha perdido 15 kilos en seis semanas, según se indica, así como de la madre de este, que también se apuntó al invento y ha perdido 13 kilos en un mes. De igual modo, aparece Olga, una amiga de Natalia, que logró perder 25 kilos en tres meses.

Se dice que Natalia presentó su descubrimiento como tesis doctoral tras encontrar un libro de texto con un capítulo sobre «Frutas bloqueadoras de formaciones de grasa» en una sección de una biblioteca solo accesible a profesores. Luego, tras el pertinaz trabajo de laboratorio, diseñó la combinación perfecta de alimentos que se debían ingerir y, después de tres experimentos propios, tuvo éxito y ella misma perdió 21 kilos en cuarenta y ocho días.

La maravillosa fórmula «integra micronutrientes naturales que normalizan la producción de leptina y así la sensación de saciedad llega mejor al cerebro». De este modo, nació el producto SirtFood Diet, que solo Natalia distribuye. Al compararlo con la dieta keto, gana por goleada la medicina de Natalia. Además, está avalada por su profesora, Laura Hernández, y se muestra una foto del edificio de la Universidad Internacional de Catalunya. Gran anuncio: «Ni dieta, ni ejercicio, ni restricciones de alimentos deseados, bebiendo alcohol».

Pero aún hay más sorpresas, teniendo en cuenta que el anuncio lo leí en octubre: «Los estudios han descubierto que octubre y noviembre son el mejor momento para tomar SirtFood Diet [...]. El tratamiento es un 43 % más rápido que en otras épocas del año».

Se avisa de que los mayores de edad españoles tendrán un descuento del 50 %, pero deben decidirse pronto, pues la promoción solo vale del 13/10/2023 al 18/10/2023, aunque también se sortean descuentos. Hay que facilitar los datos de envío y pagar en correos 39 euros por la primera entrega.

Conectando con la actualidad, el anuncio incluye 181 comentarios de personas que aseguran el éxito del tratamiento y, en muchos casos, se incluyen las dos fotos del antes y el después.

MORALEJA

Las promesas de productos distribuidos por cauces particulares sin una estricta vigilancia médica no son fiables.

CÓMO ADELGAZAR EN 31 DÍAS

Si queremos adelgazar, también podemos optar por la dieta de los 31 días. Basta con comer proteínas por un tubo y dejar de lado los hidratos de carbono para perder cuatro o cinco kilos..., que recuperarás al mes siguiente. Para tener claro este extremo, no hace falta llevarlo a la práctica, sino que basta con recurrir a los números para detectar las dietas *milagrosas*. Como dice la Academia de Nutrición y Dietética de Estados Unidos, estas dietas son aquellas que promueven comer un solo alimento, prometen perder peso rápidamente o aseguran que no es necesario realizar actividad física, entre otras cosas. ¡Cuidado con ellas!

Una alternativa sería seguir un anuncio de Instagram que dice que el té détox ayuda a perder peso, dirigido a chicas jóvenes, especialmente a adolescentes. Como es costumbre, aparecen dos fotos correspondientes al antes y el después de haber ingerido este producto. Se asegura que ya lo han probado con éxito personas que han consumido en total 1.000.0000 de unidades. ¡Éxito seguro!

MORALEJA

Adelgazar en unos pocos días es como aprender idiomas en breves periodos de tiempo.

EL QUEMADOR DE GRASA CASERO: CUATRO KILOS POR SEMANA

Un nuevo producto de 2025 es Prolife Ultra, un quemador de grasa basado en parches que, entre muchas otras cosas, promete eliminar cuatro kilogramos en siete días. Y todo con la maravillosa oferta, solo para hoy y solo a través de la web de la empresa, del 70 % de descuento. Cuesta nada más 57 euros, y no los 159 euros anteriores.

MORALEJA

Las promesas increíbles y los descuentos escandalosos son una gran publicidad que los números ponen en evidencia.

LA SUERTE DE LOS PADRES CON HIJAS

El día 16 de octubre de 2023, en la web Ser Padres, se publica una noticia más que sorprendente: «Los padres que tienen hijas tienen una esperanza de vida mayor, según un estudio de la Universidad Jaguelónica de Polonia».

Para alcanzar tal conclusión, se tomaron datos de 4.310 personas (2.147 eran madres y 2.163 eran padres) y resultó que los padres con al menos una hija vivían 74 semanas más que los otros, por cada hija. No importaba el total de hijos. También se constató que el número total de hijos afectaba negativamente a las madres, en las que se daba una reducción de 95 semanas de vida por cada hijo o hija que tenían.

Este resultado, que ha sido citado en multitud de medios de comunicación, corresponde al artículo «Daughters Increase Longevity of Fathers, But Daughters and Sons Equally Reduce Longevity of Mothers», de la revista norteamericana *American Journal of Human Biology*.

Al leerlo detenidamente, se observa que se trata de un estudio muy específico en la Polonia rural con datos extraídos de iglesias referentes a personas nacidas entre 1886 y 2002 en cuatro pequeñas poblaciones y se analizan en profundidad los casos de 102 mujeres y 163 hombres ya fallecidos que tuvieron al menos un hijo y una hija.

Este tema es curioso, pues resulta que pertenece a un estudio estadístico de unas poblaciones polacas rurales. Sin embargo, tal como se presenta, acaba siendo una *fake news* para lectores que se limiten a leer los titulares: no representa a la población mundial (ni siquiera de Polonia) y corresponde a un largo periodo del siglo XX; por tanto, la conclusión de que los padres con hijas sean más longevos no es aplicable a ningún lector actual.

MORALEJA

Mira bien de dónde provienen los datos y los estudios.

ANALÍTICAS DE AUTOR

Un tema importante para muchas personas que vigilan periódicamente su salud es el de las analíticas de sangre (o de orina). Cada laboratorio usa una instrumentación y un método de medida, por lo cual los resultados varían. En particular, los famosos intervalos o rangos de normalidad que se incluyen junto a cada resultado para indicar si hay algo que se debe vigilar.

Es una lástima, pero no hay unos intervalos universales de referencia. En la reconocida web que trata este tema, Lab Test Online [11], se aclara que un resultado normal para un laboratorio puede ser anómalo para otro, por lo que, para interpretarlo, se debe tener en cuenta el rango o intervalo de referencia del laboratorio que lo ha emitido. También indica que «un resultado normal no excluye la presencia de una enfermedad» y que «un resultado anómalo no siempre indica enfermedad», sino que hay que tener en cuenta otros factores, como edad y sexo.

A veces, hay confusiones sobre las medidas que han de tener más vigilancia. Por ejemplo, la glucosa es algo que se debe controlar, pero es mucho más importante la medida de la hemoglobina glicada (HbA1c), que hace referencia a la glucosa en sangre durante los últimos tres meses. La diabetes se considera controlada si este parámetro no supera el 7 %.

Comentemos el caso del colesterol, que debe controlarse para evitar problemas cardiacos. Hace unos años, comparé los intervalos de referencia (en mg/dl) de tres laboratorios y el resultado fue sorprendente:

	Laboratorio 1	Laboratorio 2	Laboratorio 3
Colesterolemia	150-240	130-290	150-250
Colesterol LDL	<150 (r>190)	105-155	40-160
Colesterol HDL	(>55)	50-105	>358v >45(m)

El colesterol bueno es el HDL y el colesterol malo es el LDL. La suma de los dos no es tan importante como los valores de cada uno.

MORALEJA

Vigila el colesterol bueno HDL (<150) y el malo LDL (>55).

IMPLANTOLOGÍA Y FINANCIACIÓN

Algunos nuevos servicios dentales, como los implantes u ortodoncias, llevan a abonar precios muy elevados, lo que ha convertido a muchas clínicas dentales en agencias de financiación para facilitar el pago de sus propias prestaciones.

En una conocida empresa de dentistas la página web empieza así:

> Tu boca es todo 15 % de descuento* en
>
> **Promoción válida del 1/05/24 al 30/06/24 ambos inclusive. Aplicable sobre el importe total del presupuesto aceptado. Para tratamientos superiores a 250 €. No acumulable a otros descuentos y promociones. No compatible con tipos de financiación con intereses subvencionados por xxxx. Consulte las tarifas de su tratamiento en su clínica xxxx. Tratamientos sujetos a prescripción facultativa.*

Y esto es solo para estética. Aparece entonces una frase con asterisco: «Financiación en 24 meses*», el cual se explica al final: «*Importe mínimo: 288 €. Ejemplo de financiación para un importe de 1.200 € en 24 meses. Comisión de formalización del 2 %: 24 € a pagar en la primera cuota. Primera cuota de 74 € y 23 cuotas de 50 €. TIN 0,0 %. TAE 1,96 %. Coste total del crédito: 24 €. Importe total adeudado y precio total a plazos: 1.224 €. Precio de adquisición al contado: 1.200 €. Intereses subvencionados por la clínica. Financiación ofrecida por Banco #, válida hasta el 31/12/2024».

Para cada tipo de tratamiento hay una larga explicación. Por ejemplo, en implantes, se anuncia una oferta de 34,80* €/mes y en el asterisco se ejemplifica un caso de 1.739,00 € en 60 meses con comisión inicial de 34,78 €, primera paga de 69,58 euros, 58 cuotas de 34,80 € y una última de 35,12, con TIN del 7,45 % y TAE del 8,62 %. Los intereses totales son 348,32 €; esto es, el coste total del crédito es de 384,10 €. Al final se paga 2.123,10 €.

Lo misterioso es a qué se corresponderá el ejemplo: ¿será este el precio de un solo implante?

MORALEJA

Dar más información económica que de salud dental ya es sospechoso, pero lo más grave es la forma de esconder el precio real final de los tratamientos.

CAPÍTULO 7

PUBLICIDAD PERVERSA

APRENDA INGLÉS EN DOS SEMANAS

> Memoriza 200 palabras y podrás conversar en inglés.
>
> Publicidad

> Las mentiras son las mejores promesas.
>
> Pierce Brown

En una de sus obras, Paulo Coelho escribió lo siguiente:

> En primer lugar, no debéis creer en las promesas. El mundo está lleno de ellas: las promesas de riquezas, de salvación eterna, de amor infinito. Algunas personas piensan que pueden prometer cualquier cosa, otros aceptan lo que parece garantizar mejores días por delante, ya que, sospecho que es su caso. Aquellos que hacen promesas que no cumplen terminan impotentes y frustrados, y exactamente el destino espera a los que se creen las promesas.

Sabias palabras. En el mundo de las noticias, abundan las promesas con las que intentan seducirnos para hacer algo o adquirir algún producto. Sin embargo, a menudo lo prometido resulta imposible de que ocurra o no puede darse como se anuncia.

Recuerdo una gran valla publicitaria (en la carretera de Les Preses-Olot) que decía con letras enormes: «Matamos por encargo». Por suerte, el dibujo de una cucaracha dejaba entrever que se trataba de fumigar insectos.

Comentemos ahora algunos tipos de publicidad mala.

PUBLICIDAD ENGAÑOSA

La publicidad engañosa no es una cuestión de opinión, sino un delito que el Código Penal castiga en su artículo 282 con penas de prisión de seis meses a un año o multas:

> A los fabricantes o comerciantes que, en sus ofertas o publicidad de productos o servicios, hagan alegaciones falsas o manifiesten características inciertas sobre los mismos, de modo que puedan causar un perjuicio grave y manifiesto a los consumidores, sin perjuicio de la pena que corresponda aplicar por la comisión de otros delitos.

Veamos dos ejemplos de esta publicidad fraudulenta donde la imagen es la base del engaño. En muchos anuncios de hamburguesas, la fotografía promete algo que no es real. Otra situación inmoral es la selección de modelos para anuncios en vallas, revistas o presentaciones televisivas que falsean la situación al exhibir a jóvenes como si se tratara de personas mayores y hacer creer que una crema, régimen alimentario, tratamiento médico, ejercicios físicos, etc., han logrado unos efectos milagrosos de rejuvenecimiento. Dada la juventud de las modelos, no es de extrañar que la información transmitida sea falsa: la edad no engaña.

PUBLICIDAD ENCUBIERTA

Una clase de publicidad engañosa es la denominada «encubierta»: afirmaciones de *influencers* o *bloggers*, mensajes situados en primeros resultados de una búsqueda en Google o anuncios mezclados con otros mensajes, ya sea en X, Facebook o Instagram.

Las leyes de Competencia Desleal, de Comunicación Audiovisual o de Publicidad siempre han castigado la publicidad escondida: «Está prohibida la comunicación comercial encubierta y la que utilice técnicas subliminales», «los anunciantes deben desvelar de manera inequívoca el carácter publicitario de sus anuncios» y ha de estar claro «que se trata de un contenido publicitario».

No obstante, se ven muy a menudo ejemplos de encubrimiento en películas o series de televisión en las que los personajes enseñan la marca de la bebida que están consumiendo, la compañía de su portátil, la marca de cigarrillos que fuman, etc. Recuerda los casos de Coca-Cola, Apple o Camel.

Actualmente, las redes sociales, los blogs y los vídeos de YouTube camuflan muy a menudo publicidad pagada de transmisión ilegal.

PUBLICIDAD ILÍCITA

La Ley de Publicidad establece que la publicidad ilícita es aquella que «atente contra la dignidad de la persona o vulnere los valores y derechos reconocidos en la Constitución Española, especialmente a los que se refieren sus artículos 14, 18 y 20, apartado 4». El tema es relevante especialmente para la dignidad de mujeres, niños y jóvenes.

Algo ilícito pero frecuente son las llamadas telefónicas a las horas de comer, faxes, correos o visitas a domicilio. Un caso especialmente agresivo tuvo lugar en 2013 por parte de Desigual:

> Más de un centenar de personas han participado esta mañana en la *nakedparty* que ha organizado Desigual en Barcelona. Bajo el lema «Entra desnudo y sal vestido gratis», la marca catalana ha concentrado en la nueva sede mundial Desigual en la Barceloneta a un total de 120 participantes completamente *desnudos* que han protagonizado la apertura de la tienda en su primer día de *rebajas.*

PUBLICIDAD SUBLIMINAL

La subliminal es una de las publicidades más perversas, técnicamente difícil de implantar y transmitida de forma sutil. La Ley General de Publicidad de 1988 la define como «aquella que por ser emitida con estímulos en el umbral de la sensibilidad no es conscientemente percibida»; esto es, imágenes, sonidos o textos que se introducen en un material audiovisual por debajo del umbral de percepción consciente, el cual es medible. Sería como el efecto de un hipnotizador que afecta al subconsciente, pero en este caso con el objetivo de comprar el producto anunciado o consumirlo.

No debe confundirse la técnica subliminal con la técnica asociativa: asociar una cerveza a un anuncio con jóvenes en la playa, asociar coches con lujo y belleza, etc. Nuestro subconsciente no debe recargarse con publicidad subliminal.

Veamos algunos casos de promesas publicitarias que nos deberían hacer dudar.

LOS IDIOMAS A SU ALCANCE

Muchos son los intereses para promocionar el aprendizaje de idiomas, pues se supone que así se conseguirá una situación laboral mejor. Pero esto es algo complicado, por lo que las *fake news* se fabrican prometiendo su rápido dominio.

En diversos anuncios se menciona una web que no existe en los que aparece Leo Anders, que por lo visto es un privilegiado que domina nada menos que 23 lenguas y que nos brinda la oportunidad de aprender con su método (*ling fluent*) un idioma en tan solo dos semanas. Si esto fuera cierto, y dado que el año tiene 52 semanas, resultaría que en 365 días podríamos dominar 26 idiomas.

En otra web, se menciona otro fraude cuyo creador incluso se atribuye premios inexistentes. El método Lauridsen también promete solo dos semanas de esfuerzo; para ello, pide dinero, pero no envía nada: otra estafa.

Asimismo, encontramos otra oferta que predica tener una base científica que garantiza resultados brillantes, la del profesor Andrew Gawonski, quien asegura que con su método se pueden aprender hasta 160 idiomas, pero el enlace no funciona. También hay ofertas para aprender lenguas en 90 días y otros periodos imposibles.

Otro método que se anuncia consiste en aprender inglés mientras duermes. Por ejemplo, poniendo vídeos de YouTube al acostarte (con muchos anuncios). Una buena crítica al respecto se encuentra en la web de Daniel Welsh, quien también trata el tema del aprendizaje de lenguas mediante hipnosis.

MORALEJA

Aprender un idioma exige tiempo, estudio y mucha práctica. Supone un esfuerzo continuado. No hay milagros. Todos los anuncios de aprendizaje de idiomas en tiempos récord son falsos.

PUBLICITARIOS QUE DEBEN DE ODIAR LAS MATEMÁTICAS

Algunos publicitarios no dudan en recurrir a las matemáticas para llamar la atención. Un caso reciente es un anuncio de los vinos de las bodegas Alcardet en el que aparecen operaciones matemáticas como nombres:

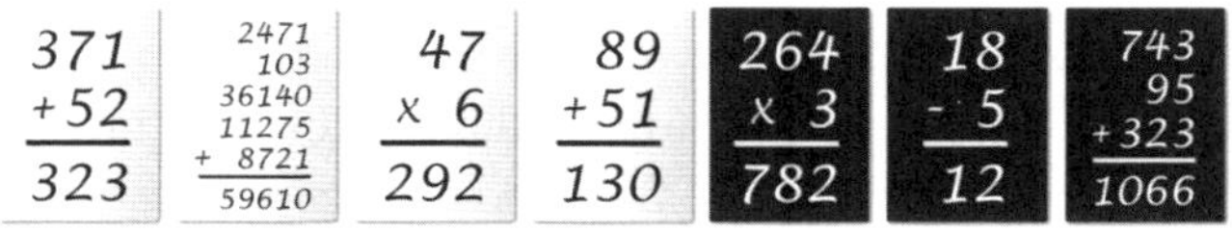

¡Todas ellas son incorrectas!

MORALEJA

La falsedad matemática como reclamo publicitario es vergonzosa.

EL NUEVO FAIRY MAXI PODER

El famoso detergente Fairy sigue publicitando la rivalidad entre Villarriba y Villabajo y su poder de limpieza, pero en 2023 lanzó una nueva versión con la que dicen que se consigue el mismo efecto «frotando hasta cuatro veces menos la grasa más difícil».

Esto resulta sorprendente, pues frotar más es algo que se entiende, pero no es evidente cómo verificar este ahorro de esfuerzo.

MORALEJA

Frotar más o frotar menos no son mediciones inmediatas cuando se hace referencia a actuaciones anteriores que no se conocen.

LA MODA RÁPIDA

En 2024, el informe *El estado de la moda* indicó que se impondrá la denominada «moda rápida», basada en el principio de comprar mucha ropa barata, usarla poco y tirarla enseguida.

Parece ser que, para esta tendencia, resulta esencial la feroz competencia existente entre las gigantes chinas de moda rápida Shein y Temu, que mandan más de un millón de paquetes al día. En 2022, Shein sacaba una media de 860 artículos nuevos cada día (Zara, 20), pero en 2024 está generando entre 2.000 y 10.000 artículos nuevos diarios.

El problema emergente es la enorme cantidad de ropa apenas usada que se desperdicia. Vestiaire Collective indica que «cada año se tiran en el mundo 92 millones de toneladas de ropa» y, según Ecoalf, «cada persona usa de media una tonelada de ropa a lo largo de su vida». El problema está claro.

MORALEJA

La moda rápida afecta al medioambiente de forma muy preocupante.

EL 66 % DE LOS ANUNCIOS DE ALIMENTOS SON DEFICIENTES

Uno de los casos más manipulados en publicidad es el de los anuncios de alimentos dirigidos a niños. Según un estudio reciente de la Organización de Consumidores y Usuarios (OCU), nueve de cada diez anuncios de alimentos infantiles son de productos poco saludables. Por ello, recomienda vigilar la propaganda de galletas, cereales, pastas industriales, chocolates, bebidas energéticas o refrescos azucarados, etc.

En caso de aplicar las recomendaciones de la Organización Mundial de la Salud (OMS), resultaría que el 66 % de los anuncios actuales de alimentación no deberían permitirse. Así pues, ojo con los mensajes de ColaCao clásico, Kinder, Happy Meal, Tosta Rica, Dinosaurios, Chips Ahoy, Choco Flakes, etc.

Por desgracia, la desinformación sobre alimentos de menores es peor que la publicidad para adultos, lo cual es aún más deprimente. Convendría indicar lo que está específicamente prohibido para niños; por ejemplo, azúcar añadido o más de 225 kilocalorías por cada 100 gramos o más de 0,1 gramos de sal por cada 100 gramos.

MORALEJA

La publicidad de alimentos para menores merece más atención y que los compradores conozcan la cantidad exacta de cada ingrediente.

EL TAMAÑO DE LAS LETRAS

EL TAMAÑO DE LAS LETRAS

EL TAMAÑO DE LAS LETRAS

EL TAMAÑO DE LAS LETRAS

EL TAMAÑO DE LAS LETRAS

Un caso denunciable en todo tipo de publicidad es el uso de letras tan pequeñas que hacen imposible su lectura. No podremos decir que algo no está explicado, pero sí que podemos denunciar un fraude por su modo de presentación.

En muchas vallas publicitarias nos encontramos con este fenómeno; normalmente, se nos dirige al mensaje ilegible mediante un asterisco que acompaña al mensaje principal. En el caso del cine o la televisión, en ocasiones aparecen mensajes a tal velocidad que es imposible leerlos.

> **MORALEJA**
> Denuncia el perverso método de jugar con letra diminutas o exposiciones tan rápidas que hacen imposible la lectura.

LAS 48 HORAS AXE

La publicidad de AXE, una popular marca cosmética para hombres, se basa en prometer la atracción sexual de las mujeres hacia todos los usuarios, especialmente de su desodorante perfumado. La marca asegura que este producto proporciona «hasta 48 horas de máxima frescura con un aroma intenso y evocador a cítricos y pimienta».

El perfume garantiza una duración de 7 u 8 horas y, en el caso del extracto, el efecto se prolonga hasta las 24 o 48 horas. Resulta extraño que un desodorante dure dos días, aunque lo más inverosímil son los resultados prometidos: mujeres que caerán rendidas ante los hombres que usen este desodorante.

> **MORALEJA**
> La duración de un perfume es difícil de precisar, pero es aún más difícil asegurar el éxito entre las mujeres a quienes lo usen.

EL COMPROMISO DE IBERIA EXPRESS

La compañía Iberia Express nos dice lo siguiente sin ningún reparo: «El transportista se compromete a esforzarse todo lo posible para transportar al pasajero y su equipaje con diligencia razonable».

Con esto en mente se entienden muchas de las cosas que he vivido en los aeropuertos españoles.

> **MORALEJA**
>
> Un discurso que esconde números precisos que indiquen las horas previsibles de retraso y las indemnizaciones que se percibirán en tal caso no inspira confianza alguna.

EL CASO DEL ADIESTRADOR CANINO

Si visitas páginas web sobre adiestramiento canino, verás que la oferta al respecto es amplia: desde collares especiales hasta profesionales que te enseñan trucos. Pero en televisión destacan desde hace tiempo los anuncios de Iumiuky [12]: «Tanto si quieres educar a tu perro como si buscas trabajar en lo que más te gusta, ¡este curso es para ti!».

Sin conocerte, a ciegas, te dan una beca de 500 €, te ofrecen un campus virtual y tutor permanente y probar el curso gratis durante un mes, con un valor de 29,90 € mensuales.

No solo prometen convertirte en el mejor amigo de tu perro, sino que añaden lo que sigue: «Si quieres transformar tu pasión por los perros en una profesión de éxito, también podrás formarte como adiestrador». Y el anuncio culmina así: «Ser adiestrador canino es una de las profesiones más buscadas y mejor remuneradas del mercado».

> **MORALEJA**
>
> Debería prohibirse la publicidad engañosa sobre sueldos y demandas de trabajo exagerados.

CAPÍTULO 8

DEFENSA TELEFÓNICA

GANA MÁS DE 30.000 EUROS AL DÍA: ¡LLAMA YA!

Las llamadas telefónicas, que en realidad interrumpen la vida de alguien para que hable por teléfono, deberían reservarse solo para emergencias.

CASEY NEISTAT

Hace pocos años, contábamos tan solo con teléfono fijo en casa y cabinas en las calles, bares o centralitas, pero el móvil hizo su aparición y nos cambió la vida: llevar siempre con nosotros este aparato hace que estemos siempre localizables y, por tanto, seamos vulnerables a anuncios y ofertas constantes, así como que sigamos trabajando a distancia de la empresa. Además, el dichoso teléfono ya es hoy un ordenador, una excelente máquina de hacer fotos, un magnetófono, una conexión a Internet con intercambios de correos electrónicos, fotos, acceso a las redes sociales, etc. El móvil es tan potente que apenas se usa para hablar. Y, cómo no, también es hoy esencial para difundir *fake news*. Por tanto, a defenderse toca.

En el apéndice de este capítulo se hace referencia al Plan Nacional de Numeración, una información sobre números de teléfono que vale la pena tener a mano. Por ejemplo, un anuncio de lectura del tarot *online* dice: «Videncia baratísima por 806. Desde solo 42 cts. Llama ahora al 806…». Es el 806, de tarificación especial, un verdadero aviso de que se puede acabar pagando una enorme fortuna por la llamada.

LA LISTA ROBINSON

La lista Robinson es una lista protectora [13] a la que puedes apuntarte de forma gratuita para especificar que no deseas recibir publicidad en tu *email*, móvil, buzón, etc.

Ya hace muchos años, esta opción se introdujo en Estados Unidos para evitar, esencialmente, las llamadas telefónicas publicitarias durante las horas de comer. Sin embargo, ahora los que llaman con total impunidad son asociaciones sin ánimo de lucro (ONG, iglesias, asociaciones benéficas, etc.).

En teoría, las empresas publicitarias, por ley, han de consultar la lista Robinson para no molestar a quien no quiere. De hecho, el consumidor, al atender una llamada de publicidad, tiene el derecho de comunicar que no desea recibir más llamadas de la misma empresa. Pero esto último no siempre se aplica, a pesar de ser un derecho protegido por la Ley General de Telecomunicaciones y por la Ley Orgánica de Protección de Datos Personales.

Así pues, es posible presentar una reclamación por acoso publicitario ante agencias o asociaciones de consumidores, así como ante la Agencia Española de Protección de Datos Personales.

MORALEJA

Ejerzamos nuestro derecho a protegernos apuntándonos a la lista Robinson.

ESTRATEGIAS PARA RESPONDER

Lo más prudente al recibir una llamada de un número desconocido o raro (mira el apéndice al final del capítulo) es no contestar y bloquearlo. Y, si contestas, en lugar de hacerlo con un «¿Sí?», mejor hazlo con un «¿Diga?». Esto se debe a que, en ocasiones, se graba el «Sí» y se usa como respuesta a una oferta.

Si respondemos a la llamada y pronuncian nuestro nombre para ofrecernos algo, una de las mejores respuestas es «No está en casa». Mi tía Pepita siempre decía «La señora no está en casa» y colgaban al momento. Contestar en inglés también corta comunicaciones.

MORALEJA

El primer paso para evitar el acoso telefónico es no contestar o responder procurando que cuelguen.

EL TIMO DE LA LLAMADA PERDIDA

Este timo es de última generación, pero se ha vuelto un clásico. Recibes una llamada de un número extranjero que suena una única vez y, por curiosidad, devuelves la llamada: has caído en la trampa. Pagarás una tarifación especial de la cual el maleante se lleva una parte.

Hay cuatro prefijos extranjeros a los que no debes ni responder ni llamar: +355 (Albania), +225 (Costa de Marfil), +233 (Ghana) y +234 (Nigeria).

Al ser llamadas internacionales, la tarifa depende de si se hace desde el fijo o el móvil y de la compañía, pero además hay otro factor: las tarifas especiales del país receptor. Y, por supuesto, la duración, por lo que seguro que el receptor intenta alargar la comunicación.

MORALEJA

Evita responder a llamadas con prefijos internacionales. Puedes pedir a tu compañía telefónica que bloquee números de otros países o aquellos de tarificación especial.

VIDENTES Y MÉDIUMS EN EL MÓVIL

Antes tenían un local o una mesita en la calle, pero ahora tienen móviles. Los videntes o similares son los sinvergüenzas que dicen adivinar el porvenir, esclarecer situaciones e incluso ofrecer visiones sobrenaturales. Y si, además de ser vidente, es médium, entonces incluso puede conectar con personas fallecidas. Fíjate en la promesa habitual: «Te diremos lo que va a ocurrir».

Una conocida oferta de videncia en línea dice así:

> ¿Problemas en el amor, trabajo, dinero, salud o quieres saber que ocurrirá en tu vida de forma general? Hoy es el día en que juntos dejaremos atrás tus miedos y tus dudas, no te diremos qué puede pasar, te diremos lo que va a ocurrir. Coste de la llamada 806: 1,21 red fija, 1,57 red móvil, IVA incluido. La tarifa se descontará de tu factura de teléfono. +18ª

A continuación, la misma oferta explica con detalle que son «especialistas en tiradas generales, amor, salud, trabajo, economía, astrológicas y familia» y que disponen de consulta amorosa, en la que te proporcionarán «*datos exactos* y con una *fiabilidad de aciertos del 95 %*». Más falsedades enlazadas casi no es posible.

MORALEJA

Da vergüenza leer anuncios de videntes y médiums, pero aún sabe peor que haya gente que pague por estos engaños.

EL TIMO DE LOS 8.500 O 10.000 EUROS SEMANALES

En la web maldita.es, se documentan muy bien timos que han tenido lugar en los últimos tiempos. El siguiente ejemplo es paradigmático [14]:

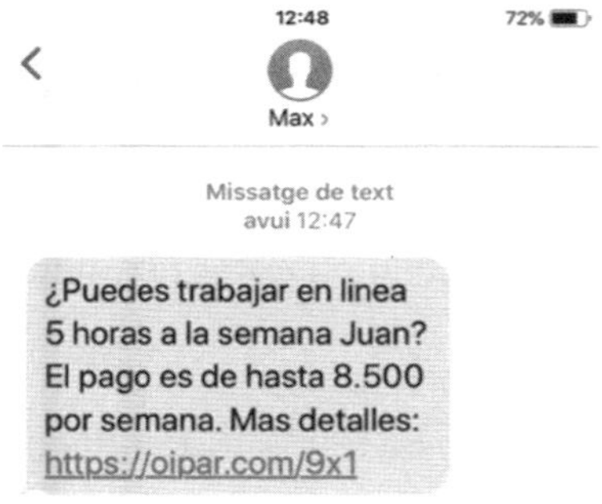

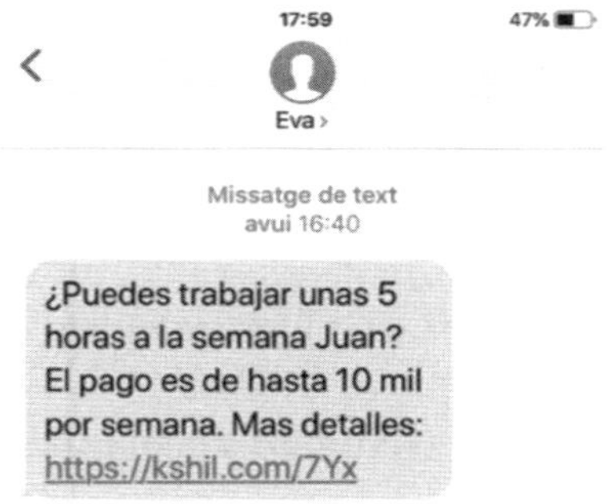

Esta tentadora oferta para ganar o 8.500 o 10.000 semanales llega al móvil por SMS dirigiéndose a ti por tu nombre, como si la fortuna llamase a tu puerta. Al pulsar el enlace, entrarás en la página web de Max, donde te felicitan con un vídeo y te dan la bienvenida a un club exclusivo: «A unos minutos de encontrarte entre los privilegiados del 1 % del mundo, que gana más de 30.000 euros al día con la ayuda de unos pocos clics».

Entonces, te piden que indiques tu número de teléfono y deposites 250 euros en una cuenta. Diversas personas falsas aparecen comentando lo afortunadas que han sido con este negocio.

Joanna G. ★★★★☆

“Todavía no puedo creer la suerte que tuve al haber probado tu software. He ganado más en un mes que lo que gané el año pasado. ¡Si tan sólo me hubieras dicho antes que podía ganar 41.581 EUR en un mes y sola! Estoy deslumbrada y sin palabras

Este timo se parece mucho a los que prometen grandes ingresos invirtiendo en *bitcoins*.

MORALEJA

Por simple sentido común, toda oferta de ganar dinero teniendo que ingresarlo uno antes es un timo. Que nos aseguren unas ganancias semanales de 8.500 o 10.000 lo delata.

APÉNDICE: EL PLAN NACIONAL DE NUMERACIÓN

El Ministerio de Asuntos Sociales y Transformación Digital publicó en 2021 el *Plan Nacional de Numeración Telefónica: Guía práctica para el usuario*.

Entre las clases de números que aparecen en este documento, destacan los siguientes:

- Números geográficos: empiezan por 9 u 8 e identifican una provincia
  - 91 u 81, Madrid; 93 u 83, Barcelona; 981 u 881, A Coruña, etc.
- Números para servicios móviles: la mayoría de ellos empiezan por 6, pero también existen prefijos como 71, 72, 73, 74. Véase la web de la Comisión Nacional de los Mercados y la Competencia (CNMC) [15].
  - Hay una gran cantidad de números para usos específicos de las compañías. **Números de tarifas especiales o inteligentes:** empiezan por 70, 80, 90. De entre los inteligentes, destacan los de prefijo 800 y 900, que son gratuitos para el llamante o de cobro revertido automático; el 901 (pago compartido de coste ordinario) y 902 (pago por el llamante sin retribución para el llamado); los 803, 806, 807 y 905, que no son gratuitos, sino de tarificación adicional y remuneración al llamado, y el 70, de números personales.
- Números de los servicios de tarifación adicional: para remunerar al titular del número llamado en concepto de suministro de ciertos contenidos, están los prefijos 803, 806 y 807, que se corresponden con servicios para adultos, ocio y entretenimiento y profesionales. La cuarta cifra del número indica el tipo de tarifa: de menor coste si es 0 o 1 y la máxima si es 9.

- Números de servicios con tarifas adicionales para llamadas masivas: de prefijo 905, para concursos participativos o votaciones. El cuarto dígito indica cuantía menor (1) hasta (8) máxima.
- Números cortos: con menos de 9 cifras que empiezan por 0 o 1:

    - Números de emergencia: 112, de actuaciones urgentes; 088, Policía autonómica; 085, Bomberos; 1006, Protección Civil, con posible coste; 061, urgencias autonómicas; 062, Guardia Civil; 080, Bomberos locales; 091, Policía nacional; 092, Policía local.
    - Números de información administrativa: 060, Estado; 010, Ayuntamiento; 012, autonomía.
    - Números de servicios de asistencia o información: 011, Tráfico; 016, violencia de género; 017, ciberseguridad; 065, atención a dependientes; 116000, niños desaparecidos; 116111, atención a la infancia; 118AB, números abonados.
    - Números de atención al cliente: 13xx, 14xx,14xx, 16xx, 17xx; para servicios internos, 12xx…, 22xx…, etc.
    - Números de inhibición de la presentación del número: 067 en línea fija y #31# en móvil.
    - Códigos selección de operador o mensajería: 103AB, 104ABM, 105ABM, 107ABM; 20YABM, 21YABM; 2…, 3…, 7…, 9…, ocio; 23YAB, 33YAB, adultos; 280AB, 390AB o 7980BM, campañas solidarias.

Tan tranquilos que estaban los números y ahora resulta que hay algunos que esconden un fraude. Por ejemplo, se hace una oferta falsa en una web y, al llamar al número que se nos indica, nos desvían a otra línea a través del 118 que cuesta 2,5 € por minuto. Si se habla 10 minutos, ya son 25 euros que hay que abonar.

- 118: Hay que tener especial cuidado con este prefijo porque su coste puede superar los cuatro euros por minuto.

Un caso de números especiales son los de conexiones telefónicas eróticas. En algunos casos, la propia empresa ofrece la posibilidad de pagar con tarjeta o llamando a un 803. Incluso hay opciones para pagar las conversaciones eróticas con Bizum.

Otras tarifas de teléfonos eróticos que resultan curiosas son aquellas que dependen del tiempo de conversación y pueden pagarse mediante teléfono (803) o tarjeta: 30 minutos = 25 euros; 60 minutos = 49 euros (la que recomiendan); 130 minutos = 99 euros (la que consideran inteligente).

MORALEJA

Debemos conocer bastantes números para que no nos engañen con llamadas de alto coste, pero también tener cuidado al usar el fijo o el móvil, así como con las tarifas de los diferentes operadores.

CAPÍTULO 9

INTERNET: UNA RED DE REDES

GANAR CADA MES UN EXTRA DE 128.000 EUROS

Internet es como el Salvaje Oeste.
No hay reglas.

STEVEN WRIGHT

La palabra *red* tiene multitud de acepciones en el diccionario de la Real Academia Española. Una consideración muy actual hace referencia a Internet, cuando se entiende por red la conexión entre ordenadores y la transmisión de información a través de esta. Pero una red también hace referencia a aparejos para pescar, cazar, sujetar, cercar… Aquí haremos especial referencia a una desgraciada realidad actual: el malévolo uso de Internet para difundir *fake news* y para pescar nuestros datos, nuestros secretos y, al final, nuestro dinero.

Al hacer todo tipo de conexiones aparece el dichoso aviso de lo conveniente que es aceptar las del lugar para seguir navegando o evitar publicidades, etc.

Las dichosas galletitas son datos tuyos que van a quedarse sobre preferencias, tipos de consulta, configuraciones, lista de productos comprados, ubicación tuya.

Hay galletitas propias del lugar web visitado y que serán usadas por esta misma web en futuras conexiones y galletitas malvadas para enviar publicidad personalizada a partir de la información almacenada. Hay galletitas de muchas clases: técnicas, funcionales, de preferencias, de análisis, de publicación, de sesión persistentes, etc.

El cinismo es tal que ahora incluso se ofrece la posibilidad de pagar para navegar sin *cookies* o aceptarlas y seguir navegando.

Con vistas a evitar el acoso vía Internet, muchas empresas recomiendan ahora cuatro cosas básicas: no facilitar información o datos personales por teléfono, mensajes o wasaps cuyo origen no sea fiable; no hacer clic en enlaces incluidos en wasaps o mensajes de origen no fiable; tener mucha precaución con cualquier llamada telefónica, y consultar el Instituto Nacional de Ciberseguridad (INCIBE) en caso de actividades sospechosas.

DE LOS TIMOS TRADICIONALES A LAS ESTAFAS POR INTERNET

Muchos son los timos y estafas que han ido surgiendo a lo largo de los años. Basta consultar la web de la Guardia Civil dedicada a este tema para tener una visión amplia al respecto [16].

Muchas de estas maldades son bien conocidas por todos: la pirámide, los trileros, el tocomocho, la estampita, el nazareno, el inspector o instalador, ofertas de trabajo falsas, transferencia africana millonaria, donaciones o caridad que no son tal cosa... En todos los casos, hay un engaño, alguien que intenta abusar de la buena fe o la codicia de la víctima.

La red permite hoy una nueva ola de estafas. Algunas son la simple versión en línea de estafas tradicionales, pero las nuevas presentaciones pueden inducir a perder dinero en ellas. Por ejemplo, la típica oferta de trabajo que se facilitaba solo si antes se pagaba una cantidad hoy puede ser una web que te propone ganar mucho dinero trabajando desde casa.

La estafa del *like* es de creciente difusión y se centra en engañar a usuarios de las redes sociales mediante ofertas tentadoras (que no existen): se prometen ganancias suculentas con la simple tarea de dar *likes* a ciertos anuncios, vídeos, perfiles, ofertas de criptomonedas, etc. Al principio, se seduce a la persona interesada ingresando alguna pequeña remuneración para demostrarle que aquello va en serio a la vez que otros usuarios y *bots* programados explican lo mucho que están ganando. Después, se le solicita que envíe dinero con la promesa de devolvérselo... y aquí se acaba la aventura.

En este capítulo, analizaremos las estafas que más se han prodigado últimamente con tarjetas de crédito, *phishing*, *pharming*, *malware*, etc.

> **MORALEJA**
>
> Sin la ambición de las víctimas, los timadores no triunfarían. Esto era cierto antes y lo sigue siendo ahora en la red. El buen uso de Internet consiste en poner en duda todo lo que hay. Los números son de gran ayuda para no creer en nada.

VISHING, SMIHING Y *PHISHING*

El *vishing* consiste en realizar llamadas telefónicas en nombre del banco o de una empresa o compañía telefónica para solicitar tus datos por un supuesto cargo indebido o error de facturación. El *smihing* es un timo equivalente, pero a través de SMS que, en general, parecen advertencias de tu banco. Las llamadas fraudulentas están a la orden del día. Los ciberdelincuentes sofistican cada vez más sus argumentos para engañar.

Algunas estrategias que utilizan consisten en suplantar el teléfono que llama para que sea el mismo que el de nuestro centro de atención al cliente, conocer cómo funciona la banca electrónica y, por tanto, guiarte por los menús para conseguir su objetivo o utilizar argumentos convincentes para conseguir lo que quieren, como ayudarte a devolver un supuesto cargo fraudulento. Para ello, es probable que te pidan datos confidenciales, como el número de la tarjeta o las claves de acceso a la banca *online*, así como que hagas algún pago mediante diversos pretextos.

Para esto último, es habitual que utilicen sistemas de pago inmediato, como Bizum, o incluso que te pidan que solicites hacer un reintegro con código en un cajero automático. Y es que algunos bancos permiten retirar dinero de un cajero automático mediante un código personal. Este servicio, que ofrece grandes ventajas para los clientes, también es un pretexto que utilizan los ciberdelincuentes para estafar a la gente.

Lo que suelen decir es que alguien está haciendo un reintegro de tus cuentas en un cajero y que, para anularlo, debes seguir los pasos que te indican. El ciberdelincuente te guiará a través de tu banca *online* para conseguir que solicites un nuevo reintegro y le indiques el código personal que te ha llegado para sacar el dinero.

La miserable palabra *phishing* es una mala versión de la inglesa *fishing* 'pescar'. El mar donde se realiza el *phishing* es el conjunto de las redes sociales y el objetivo eres tú y tu dinero. Para ello, intentarán por medios diversos pescar tus datos (los bancarios especialmente) y, en particular, conseguir tus contraseñas. Así, podrían contactar con tus amistades o familiares en tu nombre. Pero esto también sirve para planificar un robo en tus cuentas, casa o coche, así como secuestros, asesinatos, etc.

Algo recomendable es ir cambiando las claves y nombres de usuario. Una buena contraseña tiene como mínimo ocho caracteres, con al menos una letra en minúscula, una en mayúscula, un número, un signo, etc. Por ejemplo, «Fg7435%9» funcionaría bien. Pero algo más complejo y que se pueda recordar estaría bien, como «618V816v314B431b&$%».

Lo que no deberías hacer nunca es usar contraseñas triviales, que son las más comunes, como «1234», «qwert», «13579», «zxcvbnm», «jklñ» o «2024». Si miras bien las letras del teclado, te quedarán claras algunas de estas contraseñas fáciles. Cuida la calidad de tus claves, procurando que sean seguras, y mantén los nombres de usuario en secreto.

No obstante, si has caído en uno de estos timos, no dudes en acudir al Instituto Nacional de Ciberseguridad (llamando al teléfono 017 o escribiéndoles por WhatsApp o Telegram), a tu oficina más cercana de información al consumidor, a tu banco o caja o incluso a las propias redes sociales, pues pueden eliminar datos que se hayan publicado en ellas.

MORALEJA

No atender nunca llamadas o mensajes que te solicitan datos personales. Ni un dato a nadie desconocido en la red.

EL TIMO DEL BRÓKER Y LOS *BITCOINS*

Un timo de moda es enviar por correo electrónico una invitación para hacer una pequeña inversión en *bitcoins* (por ejemplo, de 300 euros) con el objetivo de lograr un buen ingreso extra de dinero. El supuesto bróker, si puede, realiza una llamada telefónica. El beneficio nunca aparece, pero sí más propuestas de inversión que van a permitir, ahora sí, retirar los suculentos beneficios. La víctima puede incluso recibir llamadas de supuestos gabinetes internacionales de abogados dispuestos a ayudar (cobrando) a recuperar la inversión. Te pedirán datos personales y número de la tarjeta de crédito para hacer efectiva la inversión, que solo te admitirán en *bitcoins*.

De igual modo, en ciertas webs maliciosas o anuncios colados en las redes sociales, se invita hoy a hacer estas inversiones en *bitcoins* falsificando a un personaje famoso (presentador de televisión, futbolista, artista de cine…) con una foto robada y un mensaje sobre los muchos *bitcoins* que ha ganado gracias a seguir las indicaciones del anuncio.

Por ejemplo, usando la imagen de Cristina Pedroche y haciéndose pasar por *El País*, se da la noticia siguiente: «CaixaBank demanda a Cristina Pedroche por ruptura del silencio sobre la plataforma de inversión en la que ganó 360 millones de euros». En el texto, se indica que Cristina Pedroche agradece a la empresa Quantum AI su oferta para ganar dinero con una inversión inicial de 250 euros, los cuales el algoritmo rápidamente invierte en *bitcoins*. En otra web, aparece un notición: «Martiño Rivas sorprendió a todos en el estudio al revelar cómo está ganado un extra de 128.000 euros cada mes».

MORALEJA

La tecnología puede deslumbrar, pero hoy la desconfianza en todo tipo de ofertas de inversión debe ser máxima. No inviertas, no des datos. Denuncia.

SCAMS SOLIDARIOS

Una estafa muy actual consiste en enviar correos electrónicos exponiendo un tema que invita a la solidaridad (enfermedades en África, guerra en Palestina o Ucrania, hambre...) en los que se indica una web donde obtener información detallada y la posibilidad de ingresar las tan necesarias ayudas. Puede que se limiten a quedarse las donaciones, pero también pueden ir más allá y robar de tus cuentas.

> **MORALEJA**
> Si deseas dar ayudas, acude a los lugares oportunos o haz ingresos, pero nunca caigas en proporcionar información que puedan usar en tu contra. La mejor manera de mantener seguros los números es no darlos a conocer.

MALWARE

El *malware* es «cualquier *software* malicioso diseñado para infiltrarse en los sistemas informáticos, ordenadores, tabletas o móviles con el objetivo de robar información del usuario o tomar el control de los equipos». En particular, destaca el *deepfake*, «archivos de vídeo, imagen o voz manipulados mediante *software* de inteligencia artificial, de modo que parezcan auténticos».

En el caso de las imágenes falsas, cabe prestar atención especial a los siguientes aspectos con una mirada matemática fina y sentido común, como que cara y cuerpo sean proporcionales, que el número de parpadeos de los ojos sean razonables o los detalles faciales y de la piel, además de verificar las fuentes y la extensión del vídeo.

Entre los programas malvados más populares, cabe mencionar los ya tristemente famosos: el troyano, un virus camuflado para robar información; el *ransomware*, que bloquea el acceso al equipo y cifra los archivos, exigiendo el pago de un rescate para liberarlos; el *adware*, que al ejecutarse modifica el funcionamiento del dispositivo; el *pyware*, que espía lo que se hace con el ordenador; el virus, que modifica el funcionamiento del dispositivo, o el gusano, un virus que se replica a sí mismo para propagarse por todos los dispositivos.

Incluso hoy es prudente tapar con una etiqueta el objetivo de tu ordenador para que nadie pueda verte o filmarte.

MORALEJA

Atención a los antivirus, cambios de claves, contraseñas y autorizaciones, así como a la tarjeta de crédito y cargos en cuentas. Es recomendable limpiar el ordenador a fondo y reiniciarlo.

SPOOFING

El *spoofing* se trata de otro timo típico de Internet (muy elaborado y, por tanto, difícil de detectar) que consiste en robar una identidad electrónica para así recaudar dinero de clientes que creen estar en una página web real. Hay varias especialidades, como falsificar el correo electrónico (el virus se propaga al abrir el correo y el *hacker* puede acceder al ordenador), suplantar la IP o usurpar la dirección IP.

La defensa frente a este timo es complicada, al involucrar acciones informáticas sofisticadas. Sin embargo, a veces, por simple sentido común se puede descubrir el timo gracias a sencillos fallos en el diseño de las páginas suplantadas.

MORALEJA

Como es bien sabido, hay que mirar mucho para llegar a ver. Cabe mirar la geometría de las páginas web para juzgar si son legítimas.

WEBS DESENMASCARADAS

Por suerte, existe la web ya citada <desenmascara.me>, en la cual ya se informa de que han localizado 319 webs falsas de marcas de moda y lujo, detectado 174.111 sitios web falsos y desenmascarado 443.345 sitios web.

Entre las marcas falsificadas, se encuentran Inditex, Ray-ban, UGG Australia, Pandora, Adidas, The North Face, Louis Vuitton, Puma, Montblanc, Women'Secret, Blundstone, etc.

Normalmente, se llega a estas webs falsas a través de anuncios en redes donde ya se apuntan grandes descuentos (por ejemplo, del 70 %) y, si se hace la compra *online*, puede que se queden el dinero transferido y tus datos, e incluso hay casos en que envían un objeto superbarato en relación con lo pagado (por ejemplo, una cartera de plástico o unas gafas de sol), y encima debe pagarse en Correos la entrega del pedido. En estos casos, se podría reclamar, pero siempre son empresas de países exóticos.

MORALEJA

Las grandes ofertas son sospechosas. Vale la pena consultar la web desenmascara.me antes de hacer una compra *online* cuando se intuya algo raro.

EL ESCÁNDALO DE LAS REVISTAS CIENTÍFICAS

Por desgracia, hoy existen en la red cientos de revistas científicas que timan a científicos y a sus lectores, a universidades y bibliotecas publicando, previo pago, artículos supuestamente rigurosos. Los editores prometen grandes éxitos en índices científicos, una gran difusión, presencia en congresos internacionales (que no existen o se organizan con mala fe), etc.

Por suerte, el bibliotecario J. Beall ha publicado en la red Beall's List Of Potential Predatory Journals And Publishers [17], una lista muy completa de las revistas que se dedican a estas prácticas. Consultando la lista, se evita caer en una de estas publicaciones fraudulentas, ya sea como autor, como revisor o como librero encargado de compras, etc.

> **MORALEJA**
> Incluso las publicaciones científicas pueden ser falsas.

INSTITUTO NACIONAL DE CIBERSEGURIDAD

Esta institución ofrece a través de su web [18] todo tipo de ayudas sobre problemas de seguridad informática (teléfono, 017; WhatsApp, 900116117; Telegram, @INCIBE017; formulario de consultas y atención presencial).

Por ejemplo, este instituto recomienda recopilar todas las evidencias posibles; interponer una denuncia; cortar toda comunicación con los brókeres; reclamar a la plataforma de inversión; reportar los perfiles de los ciberdelincuentes en las redes sociales; desinstalar la aplicación Anydesk; hacer un análisis completo con un antivirus; en caso de haber indicado su DNI, contactar con la Central de Información de Riesgos del Banco de España (CIRBE) para comprobar si se han solicitado créditos o préstamos en su nombre, así como renovar su DNI si fuera preciso; actualizar sus contraseñas; tener cuidado con las llamadas telefónicas, y practicar egosurfing para comprobar los datos que se están utilizando sin su autorización en Internet. Incluso se recomienda ponerse en contacto con la Agencia Española de Protección de Datos [19].

> **MORALEJA**
> Consulta <www.incibe.es/linea-de-ayuda-en-ciberseguridad>.

CONTACTO CON TU ÁNGEL DE LA GUARDA

En la web <www.mi-angel-guardian.com>, que ofrece pagando un juego de tarot *online*, leemos lo siguiente:

> Como mensajero de los ángeles, Padre posee poderes espirituales fuera de lo común que le han convertido, a lo largo de los años, en un hombre respetado y reconocido en todo el mundo. Gracias a sus dones extrasensoriales, Padre tiene la habilidad de establecer contactos muy valiosos con los ángeles de la guarda.
>
> Soy un hombre sencillo que dispone de un sorprendente don de médium. Esta poderosa capacidad adivinatoria me permite establecer conexiones angelicales y, más concretamente, invocar a los ángeles y hablar con ellos.

Según parece, todo ser humano, sea consciente de ello o no, recibe la protección de un ángel de la guarda. Sin embargo, muy pocos mantienen una relación espiritual con este. Para conseguirlo, en la web te piden que cuentes algo más sobre tu persona rellenando un formulario y confirmando tu petición de prueba de videncia de los ángeles gratuita.

MORALEJA

Dar algo gratis para luego cobrar. Ahí se encuentra el negocio de este anuncio de los ángeles de la guarda.

CAPÍTULO 10

PROMESAS, TIMOS Y EUROS

PODEROSO CABALLERO ES DON DINERO

Son sus padres principales,
y es de nobles descendiente,
pues que en las venas de Oriente
todas las sangres son reales.
Y pues es quien hace iguales
al duque y al ganadero,
poderoso caballero
es don Dinero.

FRANCISCO DE QUEVEDO

El tema de adivinar el futuro siempre ha intrigado a los humanos. No solo el anuncio de la vida eterna religiosa interesa, sino que las previsiones económicas son sumamente apreciadas.

En este capítulo, veremos algunas joyas de las falsedades del mundo del dinero.

TIN, TAE Y OFERTAS DE HIPOTECAS

La necesidad de tener una vivienda lleva a algunas personas a solicitar una hipoteca en un banco. Las ofertas son variadas y exigen disponer de una lupa para leer la letra pequeña y pensar en las posibilidades de que varíen el mercado inmobiliario y la propia situación del hipotecado.

En un anuncio de Openbank se ofrece una hipoteca fija sin comisiones en una oferta llena de números: plazo de quince años y hasta un 50 % del valor de tasación según condiciones (¿cuáles?), así como unos tantos por ciento TIN y TAE: desde 2,65 % TIN y 2,83 % TAE sin cumplir condiciones y desde 1,45 % TIN y 1,65 % TAE cumpliendo condiciones.

Recordemos que el TIN (tipo de interés nominal) es lo que nos cuesta el préstamo, es decir, el dinero que debemos pagar al banco a cambio del dinero que nos ha dejado (aparte del capital). Por su parte, la TAE (tasa anual equivalente) es todo el dinero que pagamos por el capital que nos han prestado. La TAE incluye el TIN junto con comisiones y gastos.

Precisamente, estos gastos y comisiones se describen con letra pequeña, para la cual vas a precisar de una buena lupa de aumento. No es broma. La letra pequeña en el caso bancario es literalmente pequeña.

La fórmula oficial para la TAE es:

$$\text{TAE} = (1 + \frac{r}{f})^{\text{f}} - 1$$

donde r es el tipo de interés nominal (TIN) expresado en tanto por ciento, de forma que un TIN del 6 % se traducirá en 0,06 % en la fórmula anterior; y f es la frecuencia de pagos, que en un préstamo suele ser mensual.

Un instrumento útil para ver cálculos de préstamos de todo tipo es la web de simuladores del Banco de España [20].

Ejemplo: Un préstamo de 100.000 euros a quince años con un interés del 2,6 % lleva a un pago mensual de 671,51 euros. Nótese que:

$$671{,}51 \times 12 \times 15 = 120.871{,}8$$

Es decir, al final habremos abonado el capital prestado (100.000) y 20.871,8 euros, o sea, un 20,87 %.

Ejemplo: Un préstamo de 50.000 euros con un TIN de 1,5 %, liquidando gastos mensuales con gasto inicial de 700 euros y gastos periódicos de 199 euros lleva en un plazo total de 12 meses a una TAE de 13,621 %.

En los simuladores de cálculo de la TAE siempre se suponen cuotas mensuales iguales y la parte de la cuota mensual en concepto de intereses se calcula mediante la siguiente fórmula: (capital pendiente × tipo de interés nominal anual) / 1.200. Asimismo, se considera que el cliente paga todos los gastos relacionados con el estudio del préstamo, su concesión y formalización en la fecha de firma del contrato. Los cálculos de la TAE se realizan según la normativa del Banco de España a partir de los valores del tipo de interés anual nominal, comisiones de estudio, gastos de apertura, gastos de cancelación (parcial y total) y frecuencia de pagos (mensuales, trimestrales, etc.).

Lo que resulta engañoso es que en la TAE se escondan gastos del banco, seguros que el banco exija, honorarios de notario, gastos del gestor que hace el trámite, pagos a tasadores de vivienda en el caso hipotecario, etc.

MORALEJA

Matemáticamente, la TAE sigue los principios del interés compuesto en un periodo anual, no se trata de un interés simple. La fórmula no es lo complicado. Lo difícil es lograr pagar al banco cada mes.

CUENTA *ONLINE* SANTANDER

La cuenta *online* del banco Santander es una «cuenta corriente no remunerada,[1] sin comisión de mantenimiento (TIN 0 %, TAE 0 %), ni condiciones». Al buscar la información de ese 1 volado, resulta que es una cuenta no remunerada, con un TIN y una TAE del 0 %. Perfecto lugar para que te guarden el dinero y no tenerlo en casa o escondido y con la ventaja de no ganar nada.

MORALEJA

Hay que saber calcular el TIN y la TAE.

UNA CUENTA Y 11 PIES DE PÁGINA

En la página web del banco ING, se hace una gran propaganda de su cuenta nómina con toda una escala de informaciones que, en conjunto, tienen 11 pies de página con los detalles precisos presentados en letras minúsculas al final.

Veamos el principio:

> Cuenta NÓMINA 250 € para ti y 50 € para quien te invite gracias al Plan Amigo. ¡Hasta el 15/07![1]
>
> Sin comisiones[2] al traer tu nómina o ingresos mensuales.
>
> Con un +1,5 % TAE[7] de rentabilidad en tu cuenta Naranja de ahorro.
>
> Con todas tus tarjetas GRATIS. ¡Incluso la de Crédito![4]

Al final, buscando un poco, se hallan las aclaraciones de esos superíndices 1, 2, 7 y 4, donde destaca lo siguiente:

> [2] TIN 0 % y TAE 0 % . Para poder disfrutar gratuitamente de las ventajas de la Cuenta NÓMINA será necesario tener domiciliada la nómina, pensión o prestación por desempleo o unos ingresos mensuales de al menos 700 € al mes. En el supuesto de que el cliente deje de domiciliar la nómina, pensión o prestación por desempleo o no tenga ingresos mensuales de al menos 700 € se cobrará una comisión de mantenimiento de cuenta de 3 € al mes. TIN 0 % y TAE: -0,718 % para un supuesto en el que se mantenga de forma constante durante 1 año un saldo medio diario de 5.000 € aplicando una comisión de mantenimiento de cuenta de 3 € mensuales (36 € al año).
>
> [7] TAE calculada para cualquier importe. Tipo de interés nominal anual 1,49 % (1,5 % TAE). Abono mensual de intereses. Ejemplo representativo para saldo en cuenta diario de 5.000 €, calculado para un periodo de liquidación de 180 días: importe bruto total abonado 37,25 €. La Cuenta NARANJA no admite domicilia-

> ción de recibos ni de impuestos. El saldo de todas las cuentas y productos de ahorro del titular podrá ser, como máximo, de 1,5 millones de euros. En caso de cambio de una Cuenta NÓMINA a una Cuenta NoCuenta, o bien de una Cuenta NoCuenta a una Cuenta NÓMINA, el tipo de interés correspondiente a la Cuenta NARANJA se aplicará a partir del primer día del mes siguiente a la contratación de la Cuenta NÓMINA o Cuenta NoCuenta.

Todo facilidades.

MORALEJA

La poca claridad en las explicaciones bancarias alienta la vuelta a los calcetines con dinero escondidos en casa. Camuflar números no es decente.

GANA DINERO MIENTRAS DUERMES

Esta es una de las grandes esperanzas de todo ser humano: que el dinero fluya mientras uno duerme y, al despertarse, descubrir la riqueza acumulada.

Esto lo saben bien en la empresa Profit Edge, de proveedores de inteligencia artificial, que cuenta con una aplicación para ganar dinero sin hacer nada más que invertir. Según su anuncio, «algunos usuarios ya ganan 14.750 euros al mes». Para ello, explican que disponen de «un algoritmo que puede determinar de forma independiente qué divisas o acciones comprar y cuáles vender para maximizar los beneficios» y ofrecen rápidos reintegros a partir de inversiones de 50 o 500 euros. Además, indican que su programa tiene «una probabilidad de rentabilidad cercana al 100 % para los usuarios, con una rentabilidad media diaria del 100-500 %».

Profit Edge promociona la apertura de cuentas explicando que, debido al éxito, pronto habrá lista de espera. Ya solo quedan 17 invitaciones disponibles. Rápido, rápido...

MORALEJA

No debemos arriesgar en ofertas que exigen datos bancarios de manera precipitada y no aclaran el método de trabajo.

¿PARA QUÉ AHORRAR?

Un estudio económico de Bankinter sobre la motivación de sus clientes para ahorrar dio como resultado que las mujeres asignaban a boda y bebés un 5 % del ahorro, mientras que los hombres asignaban solo un 3 % a tal efecto. En general, entre la población ahorradora, hay un 65 % de hombres y un 35 % de mujeres.

Se ha observado que mientras el ahorro hasta los 25 años tiene como metas viajar (11 %), comprar un coche (9 %) y hacer compras electrónicas (8 %), entre los 25 y los 34 años, se prioriza el tema vivienda (11 %), coche (9 %) y boda (3 %). Por su parte, entre los 34 y los 44 años, las metas son vivienda (11 %), viajes (8 %) y bebé (3 %).

Todo lo dicho sobre metas de ahorros según edades y sexo resulta un tanto extraño. Es dudoso que, dedicando un 11 % del ahorro a la vivienda, se pueda comprar algo. Ni tan siquiera alquilar.

MORALEJA

Los estudios que pretenden describir a toda la población acostumbran a ser fallidos. Debemos revisar siempre la muestra elegida para considerar los datos estadísticos.

LOS PRECIOS OCULTOS

Un caso muy común consiste en ocultar el coste de ciertos servicios o productos. Por ejemplo, hay cartas de restaurantes con los platos sin precio, anuncios que solo te dicen el precio si te inscribes previamente dando detalles personales u ofertas que indican solo máximos (por ejemplo, «menos de 15 €»).

Un caso curioso es el coste de intervenciones de cirugía estética, que es imposible saber de antemano. Veamos un ejemplo del centro médico Mir-Mir: «El precio de la rinoplastia ultrasónica depende de algunos aspectos que debemos valorar en la consulta y que determinarán el precio final de la cirugía estética de nariz para cada paciente».

En otra web se dice: «¡Primera visita gratuita! Pide una primera valoración gratuita con uno de nuestros cirujanos. Financiación desde 95 €/mes».

MORALEJA

Ocultar el precio es publicidad engañosa. No te dejes engañar ni facilites tus contactos.

NUEVAS CUENTAS

> *Openbank (Santander): «Cuenta bienvenida 1,75 %. Tipo de interés anual los tres primeros meses».
>
> *Bankinter: «¡Hoy súbete el sueldo! Cuenta nómina 5 %».
>
> *Caja España: «Contigo hasta el infinito y mucho más».

A todas las entidades bancarias les encanta recibir tu sueldo o pensión, que se abran nuevas cuentas con ingresos periódicos y que el dinero esté quieto mucho tiempo.

Fíjate que ese 1,75 % del anuncio de Santander solo vale para los tres primeros meses, y nada se dice del futuro. El 5 % de Bankinter resulta ser que aumenta la remuneración de la cuenta nómina para nuevos clientes, que pasará a ser del 5 % TAE durante el primer año y 2 % TAE en el segundo, frente al 4 % y 3 % TAE, respectivamente, que el banco venía ofreciendo. El saldo máximo para remunerar se mantiene en 5.000 euros, así como la liquidación de intereses, que seguirá siendo semestral.

El anuncio de Caja España, por su parte, lo deja todo muy claro y resulta supercreíble.

Otra oferta de Openbank es la cuenta nómina, que ofrece hasta 250 € el primer año:

> Al domiciliar tu nómina o pensión desde 900 €/mes: 5,12 % TAE[1] y 5 % TIN anual hasta 5.000 € y 0,20 % TIN anual para el saldo superior. En este último caso, se calculará la TAE aplicable. Por ejemplo, para 10.000 € sería del 2,63 % TAE[2] para todo el saldo (aplicándose un 5 % TIN anual hasta 5.000 € y un 0,20 % para el saldo restante).
>
> Sin domiciliar tu nómina o pensión: 0,05 % TAE[1] y TIN anual.

A partir del segundo año, se indica que esta pasará a ser una cuenta de ahorro con las siguientes condiciones. ¿Seguro que te interesa esta oferta?

> Con tu nómina o pensión desde 900 €/mes: 0,20 % TAE[3] y TIN anual.
>
> Sin tu nómina o pensión: 0,05 % TAE[3] y TIN anual.

Un último ejemplo es una oferta de 2024 del Banco Sabadell: «Los 3 primeros meses 6 % TIN y después la vigente 2 % TIN, 3 % TAE. Saldo máximo 20.000 €». Sin comentarios.

MORALEJA

Ante los anuncios de cuentas bancarias que se exhiben en las entradas de los bancos, lleva encima una lupa para leer la letra tan menuda que usan con los datos clave. Fíjate siempre en el largo plazo: las ofertas a pocos meses vista no interesan.

PRÉSTAMOS PERSONALES MUY RÁPIDOS

Muchas son las entidades, como la popular Cofidis, que ofrecen préstamos personales de cuantías limitadas para diversos motivos: compras, viajes, dentadura, seguros, etc. Por ejemplo, préstamos personales desde 6.000 hasta 60.000 €. La letra pequeña no tiene desperdicio:

> ¿Buscas la mejor financiación? Sea cual sea la finalidad, Cofidis te ofrece un préstamo para financiar lo que tengas en mente con un tipo de interés desde 6,78 % TIN.**
>
> Gracias al préstamo personal de Cofidis podrás disponer de tu dinero con total comodidad, flexibilidad y sin necesidad de cambiar de banco.

- TIN desde el 6,78 %.**
- Sin comisión de apertura.
- Protege el pago de tus cuotas.
- Mínimo TIN 6,78 %, TAE 6,98 % y máximo TIN 13,17 %, TAE 14,02 %.
- Elige la financiación que mejor se adapte a ti. Simula ahora tu préstamo.
- Principio del formulario
- Elige el importe a financiar: 11.000, 48 mensualidades de 262,2. Comisión de apertura: 0 %, TIN: 6,78 %. TAE: 7,00 %. Importe total adeudado: 12.595,99 EUR
- Final del formulario.

Veamos ahora otra oferta de Cetelem:

- ¿Cuánto dinero necesitas?
- 18.000 €.
- ¿Meses para pagarlo?
- 96 meses.
- Cuota desde:
- 244,51 €.
- Desde TIN TAE* 6,90 %, 7,87 %.

- Importe total adeudado 23.922,96 €.
- Total intereses 5.472,96 €.
- Coste total del crédito 5.922,96 €.

MORALEJA

Lo que durante años fue perseguido como usura hoy es un negocio en auge. Calcular el resultado vale la pena.

SEGUROS DE SALUD

Las listas de espera en la atención médica (o la falta de especialistas en poblaciones pequeñas) han hecho proliferar la contratación de seguros de salud. Numerosas mutuas privadas han ido ampliando su oferta y entidades bancarias ofrecen seguros de sus mutuas adheridas. Estos anuncios a menudo incluyen contenido engañoso.

Comentemos dos opciones de DKV. Uno de sus seguros tiene una tarifa reducida, pero copago en visitas, mientras que en el otro no hay copago por tratarse de la tarifa mensual elevada. Pero nos asaltan las dudas: ¿qué ocurrirá dentro de un año con el descuento? ¿Qué pasa con cirujanos, quirófanos, anestesistas y clínicas? ¿Qué sucede si tú tienes más de setenta años? ¿Qué incluye en cuanto a la cobertura dental?, ¿se incluyen ortodoncias o implantes? La falta de detalles es lo que convierte a esta publicidad en engañosa.

MORALEJA

Con la salud no se juega. Por ello, resulta lamentable que todos estos negocios de seguros basados en especulación de la salud de las personas sean tan poco transparentes en sus propias ofertas. Exige detalles.

SEGUROS Y DECESOS

Los seguros, que están encantados en ganar dinero gracias a tu salud, también tiene ideas para sacarte dinero en vida en relación con tu muerte. Se trata de contratar una póliza que en su día cubra todos los gastos derivados de tu fallecimiento. La publicidad de estos seguros va dirigida a personas mayores, pero no demasiado. Veamos un ejemplo:

> ¿Has nacido antes de 1969? Esto es lo que no quieren que sepas las aseguradoras.
>
> Los funerales son un momento difícil para todos, así que no sorprende que en España las personas estén tomando medidas para eliminar el estrés financiero de la ecuación. Contrata hoy mismo tu seguro de decesos desde tan solo 2,5 € al mes.

El precio ya hace dudar de la oferta. Debe de haber gato escondido: 2,5 × 12 = 30 euros al año. Suponiendo 20 años de cotización, solo sería 600 euros. Sin embargo, el propio anuncio proclama lo caros que son los entierros y funerales:

> Desde flores, catering, ceremonia, a gastos de administración estatales, que el gobierno se niega a pagar. El coste total sube rápidamente. Un seguro de decesos puede protegerle contra todo esto. Aliviar a sus seres queridos del estrés financiero y emocional garantizará que el coste de su funeral no se dispare. Si no hay dinero ahorrado, o su seguro de vida no lo cubre, sus familiares tendrán que pagar estos enormes gastos. Por suerte, los españoles han encontrado una solución.

Intrigado por lo del precio, empiezo a buscar información, pero para recibirla he de indicar año de nacimiento, distrito postal, etc., y me solicitan el correo electrónico por si quiero recibir la información.

MORALEJA

Todo anuncio que no quiera dar información si no se facilitan datos puede ser falso e incluso peligroso.

UN IPHONE DE APPLE POR 1 EURO Y WHATSAPP DE PAGO

Con este espectacular anuncio en una web falsa (cuyo logo es copiado del periódico italiano *La Repubblica*), se ha difundido en X y en Facebook la siguiente oferta: un iphone de Apple por un euro. ¿Alguien puede dejarse engañar por un anuncio como este? En 2017, fueron diversas las noticias falsas sobre el popular WhatsApp.

En una de ellas, se anunció el nuevo coste del medio: 0,01 € por mensaje.

> Desde hoy sábado WhatsApp será facturado. Si tienes al menos 10 contactos envíales este mensaje. Así verán que eres un asiduo utilizador y tu logo se volverá azul y quedará gratuito. Se ha hablado de ello hoy en la prensa. WhatsApp costará 0,01 euro por mensaje. Envía este mensaje a 10 personas. Cuando lo hagas la luz se volverá azul, de lo contrario WhatsApp activará la facturación.

Por ahora, no hay nada nuevo en este tema, pero los rumores al respecto no paran de crecer.

MORALEJA

Las redes sociales son la base de la difusión de noticias falsas que afectan a las propias redes y sus usos.

SECRETOS TRAS UN PLAN DE PENSIONES

En la web *Las ocho cosas que nadie te cuenta sobre los planes de pensiones* se aclaran aquellos aspectos ocultos de los famosos planes de pensiones. Muchas son las personas que, por desgravar algo de su declaración de la renta y por garantizarse una pensión o un complemento a su pensión oficial, a partir de cierta edad, empiezan a ahorrar en un plan organizado por una entidad (banco, caja, aseguradora...).

Entre las sorpresas finales, nos encontramos con que el dinero no está plenamente garantizado; la vinculación del plan a productos de renta fija o variable afecta al ingreso final; aunque haya desgravaciones fiscales, al rescatar el capital del fondo, Hacienda se llevará una parte sustanciosa del ahorro, como una renta del trabajo, por lo que el ritmo del rescate debe estudiarse; puede haber comisiones por depósito del plan y por la gestión de este; hay cláusulas que bloquean el rescate de dinero del plan en determinados plazos; en ocasiones, se ponen pegas para cambiar de plan; los regalos por la apertura pueden limitar los periodos de rescate o suponer gastos inesperados, y a partir del 2025 los planes se podrán embargar en caso de deudas. Por estos motivos, hay que considerar alternativas a estos planes; por ejemplo, ofertas de fondos de inversión.

La conclusión es que, de nuevo, hay que echar cuentas antes de meterse en un plan y hay que investigar con profundidad lo que estos ocultan.

MORALEJA

Diversifica tus inversiones y tus planes de ahorro. El tema es demasiado importante para confiar en una sola opción.

UN NEGOCIO LLAMADO «BODA»

A pesar de las muchas uniones de hecho que prescinden de una boda oficial, aún hoy hay quien dedica enormes sumas de dinero a celebrar su boda. Muchos son los interesados en este negocio:

administradores, vendedores de muebles y enseres del hogar, restaurantes, floristerías, modistas, agencias de viajes, joyerías...

Así, han aparecido en la red numerosas páginas dedicadas a las bodas en todos sus aspectos, e incluso dan consejos para ahorrar. Entre estos consejos (que son muy obvios) se indica que se ahorre en el convite (invitar a menos gente, eliminar un plato del menú, buscar una época con mejores precios de restauración, no incluir barra libre, etc.), así como que se gaste menos en el vestido de novia, regalos, flores, alianzas y viajes. Puedes visitar, por ejemplo, las webs de Bankinter [21], BBVA [22] o *El País* [23].

MORALEJA

Una celebración que dura un día no debería arruinar durante años a una pareja.

CUENTAS DIFÍCILES: EXCESO DE DATOS COMPLICADOS

A veces, la publicidad incluye cifras dispares y una información demasiado breve como para sacar conclusiones y echar cuentas. Un ejemplo característico de esta situación son los múltiples anuncios de servicios de Internet, telefónicos y de conexiones a canales de deportes, películas y series. Por ejemplo:

Pepephone navega 19 GB + 5.001 min /19,9 €, 7mes.
Pepephone con Netflix:

- Plan básico de Netflix por la tarifa móvil de 25,90 euros al mes de la operadora con 109 GB acumulables y llamadas ilimitadas.
- Plan básico de Netflix + Prime con la tarifa móvil de 29,90 euros al mes con 109 GB y llamadas ilimitadas.
- Fibra 500 Mbps + móvil con 49 GB acumulables y llamadas ilimitadas con Netflix Básico por 46,90 euros al mes.
- Fibra 800 Mbps + móvil con 109 GB acumulables y llamadas ilimitadas con Netflix Básico o por 54,90 euros al mes.

Veamos esta otra oferta:

Jazztel: Fibra 600 Mb2 + líneas móviles, 50 GB para compartir /43,95 €/mes, TCL 40 R 5G 128 GB negro por 1 €/mes.

- Al comenzar la contratación de la tarifa, te ofrecemos complementos. Selecciona tu TCL 40 R 5G 128 GB negro. ¡Corre que vuelan!
- Fibra 600 Mb y fijo.
- Disfruta de 600 Mb de bajada y 600 Mb de subida, además de llamadas ilimitadas a fijos y a móviles nacionales.
- Móvil y añade líneas adicionales
- 2 líneas 5G de 25 GB (cada una) y llamadas ilimitadas a fijos y móviles nacionales.
- Si lo necesitas, añade hasta 2 líneas móviles 5G. 60 GB por 12 €/mes y 25 GB por 8 €/mes.

Comparte y acumula

- Comparte y acumula tus GB entre las líneas de tu contrato. Lo puedes activar entrando en tu app de Jazztel.

Incluido en esta tarifa

- Router incluido en el precio. Y, si contratas *online* ¡el envío y la instalación es gratis! Solo te pedimos que te quedes 12 meses con nosotros.

Ahora con 5G

- Gracias al 5G navega, descarga y envía archivos a la velocidad más alta. ¡Mejora tu experiencia de usuario en *streaming* y jugando a videojuegos!

Netflix, por su parte, expone tres precios:

- Plan Básico con anuncios: 5,49 €/mes.
- Plan Estándar: 12,99 €/mes.
- Plan Premium: 17,99 €/mes.

Con el plan Netflix Estándar (dos pantallas) o Netflix Premium (cuatro pantallas), tendrás que pagar 5 euros y 10 euros más, respectivamente.

En definitiva: una selva de ofertas y combinaciones de varias de ellas que no son comprensibles.

> **MORALEJA**
>
> El exceso de datos sin explicaciones mínimas excluye a muchos consumidores, especialmente los que no son de la generación digital.

OVERBOOKING

Algo frecuente en el mundo de la aviación consiste en que acudes con tu billete el día correcto al aeropuerto a la hora determinada y, al llegar al mostrador de facturación o al muelle de embarque, recibes la mala noticia de que no puedes viajar porque se ha dado el temido *overbooking*: han vendido más pasajes de los que hay.

Depende de la compañía aérea, pero lo normal es que te ofrezcan colocarte en otro vuelo (por ejemplo, al día siguiente o de madrugada), te aseguren la devolución del importe pagado, te den un vale de comida rápida y refresco para esperar al siguiente vuelo, etc.

La legislación vigente y las instituciones de consumidores garantizan que puedas reclamar dinero por los retrasos ocasionados y por la situación de sobreventa, pero el vuelo que deseabas lo has perdido.

> **MORALEJA**
>
> Intenta no reservar pasajes en compañías aéreas cuya informalidad en el tema de la sobreventa sea conocida y reclama siempre lo que la ley te permite. Echa cuentas sobre lo que te ofrecen al momento, por ejemplo, si te dan una noche de hotel, ¿te pagan el taxi para ir y volver?

EXPRESIONES AMBIGUAS

A menudo, se dan informaciones aparentemente claras pero enseguida muestran su ambigüedad. Por ejemplo, en el famoso menú de degustación del Celler de Can Roca en Girona, se dice: «El precio de este es de 215 euros, con un maridaje opcional: una selección de vinos de Josep Roca, con un precio de 85 euros».

¿Qué incluye el menú?, ¿con qué vinos es el maridaje?, ¿te acompañaran en taxi a casa tras haber consumido 85 € en vinos?

También lo de hacer una reserva resulta sofisticado:

> Las reservas se aceptan con un máximo de 11 meses de antelación y no se tramitan peticiones que sobrepasen este límite.
>
> Actualmente (2023) se aceptan reservas hasta octubre del 2024.
>
> Las reservas de noviembre 2024 se abrirán a las 00.00 a. m. del próximo 01 diciembre 2023, hora local.

MORALEJA

Resulta evidente que hay una demanda excesiva, unos precios fuera de todo límite razonable y unas reservas a largo plazo difíciles de concretar.

PROMOCIONES Y FECHAS

Las promociones de productos o servicios no son improvisadas, sino el resultado de una planificada acción de *marketing* atendiendo a unos objetivos de venta, a un lugar de distribución, a una época del año y a un público determinado (edad, sexo, situación económica, etc.) durante un periodo bien acotado. Tal vez tú no tengas prisa por comprar nada, pero la empresa vendedora puede tener necesidad de vender rápido un producto o servicio.

Algunas de las reglas sobre temporalización en el *marketing* son las siguientes:

- Las fechas redondas se recuerdan mejor. Acabar en fechas fáciles de recordar, como 15, 20, 30 o 31 es mejor que acabar un 6, 14, 21 o 26.
- La gente dedica más tiempo a ir a comprar (o a inscribirse a un gimnasio) de jueves a sábado que de lunes a miércoles. Lo ideal es acabar una promoción un viernes o un sábado, nunca un lunes o martes.
- No usar el «Solo para las 300 primeras personas» o el «Hasta fin de existencias».
- Una sola fecha como el Black Friday puede ser conveniente, pero alargar la oferta muchos días va en contra.

MORALEJA

Mira las fechas de las ofertas. Las prisas son malas compañeras de viaje.

PROMOCIÓN BASADA EN DESCUENTOS

Entre las más habituales basadas en descuentos, tenemos:

- ¡Suscríbete y obtén un 5 % de descuento en tu primera compra!
- ¡Feliz mes de la mujer! Porque un día no es suficiente para celebrar a la mujer ¡nos tomamos todo marzo! ¡Descuentos aquí!
- ¡Último día 174 €!
- Te ofrecemos un descuento del 15 % en todas las compras que realices durante los siguientes tres días.
- Envío gratis por compras superiores a 25 €.
- Descuento de un 25 % en tu segunda compra.
- Compra 3 y paga 2.

MORALEJA

Hay que vigilar los descuentos limitados en el tiempo, pues pueden acelerar una compra y evitar que se medite sobre su conveniencia.

DESCUENTOS RENTABLES

¿Cómo es que los descuentos son rentables? Evidentemente, todos ganan si los descuentos consiguen que se venda muchísimo más. De hecho, existe una fórmula que ayuda a calcular cuánto tienen que aumentar las ventas para compensar el descuento y evitar pérdidas:

$$\text{Aumento en volumen de ventas} = (\text{descuento} / (\text{margen} - \text{descuento})) \times 100$$

Por ejemplo, si se desea hacer un descuento del 5 % en un producto cuyo margen de ganancia es del 30 %: $(5 / (30\text{-}5)) \times 100 = 20\,\%$; es decir, debe venderse un 20 % más para que el descuento del 5 % no lleve a pérdidas.

MORALEJA

Gracias a los descuentos, tú pagas menos, pero una compañía eficiente no pierde nada, pues ya ha planificado el aumento de ventas.

EQUIPAJE FACTURADO Y DE MANO

Un tema siempre preocupante en los vuelos es el equipaje, el que hay que facturar y el que se puede llevar en la mano. Aquí compararemos algunos datos de las compañías Iberia Express y Vueling.

IBERIA EXPRESS

Maletas para facturar:

Para facturar una maleta, la suma de largo + ancho + alto de cada pieza a facturar no debe superar los 158 cm incluyendo asa, bolsillo y ruedas (salvo excepciones de determinados equipajes especiales). Pero la otra restricción es el peso: cada pieza a facturar tendrá un peso máximo de 23 kg gratuitos. Desde los 24 kg y hasta un máximo de 32 kg se aplicará un cargo de sobrepeso.

Equipaje de mano:

Se autoriza como equipaje de cabina una maleta que como máximo debe ser 56 cm × 40 cm × 25 cm (126 cm), incluyendo el asa, bolsillos y ruedas. Puede llevarse un bolso o maletín con dimensiones máximas de 40 cm × 30 cm × 15 cm y peso 10 kg que debe caber en el bajo del asiento delantero. Ante un exceso del equipaje de mano deben abonarse a bordo 50 €.

VUELING

Lo de Vueling tiene cierta complejidad, por lo que solo incluimos algunos datos:

- Todas nuestras tarifas incluyen el transporte de una pieza de equipaje de mano de hasta 40 × 20 × 30 cm que deberá ser ubicada debajo del asiento delantero.
- Si realizó la reserva a partir del día 4 de noviembre de 2022 únicamente la tarifa TimeFlex incluirá llevar a bordo del avión una segunda pieza de equipaje, colocada en el compartimento superior con un peso máximo de 10 kg y cuyas dimensiones en ningún caso podrán exceder de 55 × 40 × 20 cm.
- Un pasajero con las tarifas Basic, Óptima y Family, tam-

bién puede contratar esta pieza de equipaje en el compartimento superior de la cabina del avión de 10 kg y medidas máximas 55 × 40 × 20 cm, pero hay dos formas de pago que influyen en el precio:

- *Online*: De 24,00 a 59,00 por pieza y vuelo.
- En aeropuerto: De 55,00 a 75,00 por pieza y vuelo.

- Maleta facturada de hasta 10 kg y 55 × 40 × 20 cm: De 50,00 a 70,00 por pieza y vuelo en mostrador de facturación. De 60,00 a 75,00 en puerta de embarque.
- Maleta facturada de hasta 15 kg: De 21,00 a 95,00 por pieza y vuelo.
- Maleta facturada de hasta 20 kg: De 22,00 a 96,00 por pieza y vuelo.
- Maleta facturada de hasta 25 kg: De 25,00 a 99,00 por pieza y vuelo.
- Desde 100,00 por pieza y vuelo en vuelos a/desde África u Oriente.
- Tarifas Óptima y Family, una maleta de 25 kg.
- Exceso de equipaje: A partir de 25 kg se cobrarán 12 euros por kg extra.

MORALEJA

Al adquirir un billete de avión planifica bien el equipaje que llevarás, el de facturar y el de mano. Lee detenidamente los precios según el lugar de pago (*online*, aeropuerto, puerta embarque). Un vuelo muy barato puede convertirse en caro por el equipaje.

COMIDA Y BEBIDA EN LAS COMPAÑÍAS *LOW COST*

Con el titular «Comida y bebida en las *low cost*, el verdadero negocio», la sección de economía del periódico *ABC* ofrecía recientemente el siguiente análisis:

> Los precios a bordo se incrementan de media un 527 % con respecto al mismo producto en el supermercado. Ryanair y Vueling, las aerolíneas de bajo coste más cara y barata, respectivamente.
>
> Según un estudio elaborado por Kayak, el cruasán es el producto más caro para consumir a bordo: EasyJet cobra 3 euros y Vueling, Iberia Express y Volotea 2 euros. En el supermercado, de media, cuesta 37 céntimos, con lo que el primero eleva el precio un 718 % mientras que las otras tres aerolíneas lo hacen en un 446 %.

En Vueling, por ejemplo, un triste té verde vale 2,95 € y una Coca-Cola, 3,25 €. Como siempre que aparecen números, vale la pena tomar la calculadora y repasar los resultados obtenidos. Los datos que aparecen están mal: suponiendo lo del 3, el 2 y el 0,37, resultan 810,81 % en lugar del 718 % y 540 % en lugar del 446 %. En cualquier caso, los márgenes son de escándalo. Los datos de la noticia no es que sea falsos, es que son abusivos.

MORALEJA

Mejor no comer ni beber en los aviones si esto no está incluido en la tarifa abonada. Así se entiende por qué ponen todo tipo de pegas a que lleves bebida y comida de casa.

EL PRECIO FINAL DE UN BILLETE *LOW COST*

Si en una carta de un restaurante pone «Calamares a la romana 10 €», uno sabe lo que va a pagar. Sería muy sorprendente que el precio se alterase en función del tipo de silla elegida, de la situación de la mesa, del encargo previo *online* del plato o la demanda en directo, de contar con una tarifa de entrada prioritaria al restaurante, etc. Esto no ocurre con los calamares, pero sí que ocurre con los billetes de avión:

a) El precio básico del billete

Este precio depende del día de la compra, de la hora, del número de billetes ya vendidos, de las horas del vuelo, etc., todos ellos parámetros que desconoce el comprador, los cuales puede manipular el vendedor continuamente a lo largo del proceso.

He buscado en Vueling un billete de Barcelona a Palma de Mallorca para ir y volver el mismo día con salida a las 6:35 y regreso a las 18:45. La ida cuesta 44,98 € y la vuelta, 364,98 €.

b) Complementos del billete

Hay tres tipos de tarifas, pero solo la Time Flex da una serie de facilidades: pieza bajo asiento delantero, pieza en el espacio superior, elección de asiento, embarque prioritario, cambio de vuelo, facturación especial, carril rápido de acceso por seguridad, cancelación de vuelo…

En el caso del ejemplo de Palma, que costaba 409,96 €, con esta tarifa especial pasa a costar 612,96 €.

MORALEJA

Los precios *low cost* de aviación esconden grandes sorpresas que deben estudiarse con mucha antelación y mirando muy bien todos los detalles.

LOS PRECIOS FIN DE SEMANA DE LOS RESTAURANTES

Un fenómeno actual es el de la variabilidad de los precios en los restaurantes en función del día. Un primer escándalo es el de los menús de fin de semana, que a menudo es una oferta esencialmente igual a la de otros días, pero que cuesta mucho más. Jueves o viernes, 15 euros; sábados y domingos, 25 euros.

Un reconocido restaurante de Olot fijó para la semana del 15 de agosto de 2024 que todos los días habría solo el menú de fin de semana, el precio del cual incrementó un 20 %.

En definitiva, inspirados por las compañías de aviación, los precios de los restaurantes ya solo dependen del deseo del dueño y es inexistente la proporcionalidad discreta entre costes y tarifas.

> **MORALEJA**
>
> Los precios de los fines de semana los fijan los dueños de los restaurantes, pero somos nosotros los que debemos ir en días laborales. Cuando los sábados y domingos las mesas queden vacías, los precios cambiarán.

Pero no solo suben de precio los menús de restaurante, un tema de rabiosa actualidad en España, y otros lugares, es el de la vivienda. El problema es en esencia económico: los precios de compra o alquiler son exageradamente caros con respecto a los sueldos. La regla más recomendable es que el gasto en vivienda (alquiler, hipoteca…) no supere un 30 % de los ingresos familiares totales. Así, un soltero que gane 1.000 euros al mes no debería pagar más de 333 euros, mientras que una pareja con dos hijos y dos sueldos mileuristas no deberían pagar más de 666 euros. Como se decía en la famosa película de astronautas: ¡Houston, tenemos un problema!

PISO EN VENTA

Los anuncios de pisos son siempre curiosos, pues dan una información muy limitada a un caso en general complejo. Veamos un sencillo ejemplo de una agencia inmobiliaria:

> 210.000 €, 62 m², 1 hab. Bajo exterior sin ascensor. Vivienda en Torrent de l'Olla, Vila de Gràcia. Ubicada en planta sótano con paredes de piedra vista.

Si se busca, encontramos más información:

> Vivienda de 62 m² con distintos ambientes y mucho encanto. Dispone de 2 ventanas que ventilan a calle con un salón comedor y cocina integrada, espacio abierto como dormitorio, un anexo semiabierto como vestidor y 1 cuarto de baño con plato de ducha.
>
> Todos los suelos son de parqué, techos abovedados y paredes de piedra. Sin duda, tu rincón favorito.
> **Dispone de cédula habitabilidad.
>
> Características básicas
>
> – 62 m² construidos, 58 m² útiles
> – 1 habitación
> – 1 baño
> – Segunda mano/buen estado
> – Construido en 1900
> – No dispone de calefacción
> – Bajo exterior
> – Sin ascensor
>
> Precio del inmueble con hipoteca a 30 años aportando 33 %, con interés fijo del 2,7 %
> Tu cuota mensual 660 €
> Importe hipoteca: 162.725 €
> Porcentaje de financiación 77 %
>
> – Precio del inmueble 210.000 €
> – Impuestos y gastos de la compra 22.725 €
> – Coste total del inmueble 232.725 €

Solo falta hacer la última operación: con 30 años a una cuota mensual de 660 euros, resultan 30 × 12 × 660 = 237.600 euros, más el aporte inicial de 69.300, resultan 306.900 = 210. 000 + 96.900.

El anuncio inicial no menciona nada de esto, ni tan siquiera los impuestos y gastos de compra de 22.725 euros.

MORALEJA

Para muchas personas, la compra de una vivienda es la operación económica más importante de su vida. Así pues, vale la pena mirar muy bien todos los detalles económicos implicados en cada oferta. Recuerda que en Europa la mayoría de las personas optan por el alquiler, y no por la compra. En Estados Unidos, igual.

PISO EN ALQUILER

El tema del alquiler de una vivienda ha ido evolucionando en función del lugar y la época. Antes, en el mercado había alquileres indefinidos con subidas controladas de precio, pero esto ya no existe.

Una ventaja enorme del alquiler sobre la compra es el hecho de que puede dejar de pagarse en cualquier momento y buscarse otra alternativa. Este hecho tiene globalmente en un país grandes implicaciones laborales: si uno está dispuesto a cambiar de lugar para ir a un mejor empleo se impone el cambio de vivienda. Este es el caso americano donde la movilidad abarca todo el territorio. Y no es el caso español donde impera la tendencia a no cambiar nunca de lugar de residencia, y a poder ser no cambiar ni de barrio.

Los pisos de alquiler son motivo de gran publicidad, la cual debe leerse muy detenidamente.

Ejemplo:

Piso en alquiler en Carrer d'Aulèstia i Pijoan, Gràcia, Barcelona.

1.000 €. 58 m^2. 1 Hab. 1 Baño. Con ascensor.

Se alquila piso en Gràcia, Barcelona, una vivienda luminosa y ubicada en un entorno idóneo para disfrutarlo. Construido en el año 1965. Detalles del inmueble:

- Genial piso de 58 m^2. (Los metros cuadrados están verificados con la Dirección General de Catastro.)
- En este piso encontraremos 1 habitación y 1 baño.
- Agradable salón que te proporcionará el relax diario, creando un precioso y único espacio.
- El confort está garantizado, ya que dispone de aire acondicionado y calefacción.
- Exterior.
- Con una apropiada cocina en muy buen estado y equipada con todo lo necesario.
- Ascensor.
- Un mes de fianza más dos meses de garantía.

Ejemplo:

Fabuloso piso en Villa de Vallecas, Madrid.

850 €. 1 Hab. 1 Baño. Con ascensor.

Se alquila piso en Villa de Vallecas, Madrid, un espacio para disfrutar en tu día a día. Este perfecto piso fue construido en el 2007. Está dentro de una urbanización cerrada, en calle céntrica, y entre las estaciones de metro de Las Suertes y Valdecarros de la línea 1.

- Fantástico piso de 79 m^2 en Ensanche de Vallecas, La Gavia. (Los metros cuadrados están verificados con la Dirección General de Catastro.)
- Contamos con todas las comodidades posibles de 1 habitación y 1 baño.
- Práctico comedor con amplio espacio de luz natural, un lugar perfecto para descansar en los ratos libres.
- Con una efectiva cocina en muy buen estado y equipada con lo necesario para el día a día.
- Aire acondicionado y calefacción para todas las estaciones del año.
- En este piso encontraremos una zona deportiva.
- Exterior.
- Con plaza de garaje.
- Puerta blindada.
- Ascensor.

- Además de un útil jardín comunitario.
- Piscina comunitaria genial para soportar el calor.
- Un mes de fianza más dos meses de garantía.

En estos ejemplos queda claro que deberá abonarse siempre un mes de fianza recuperable al final del contrato, así como las dos primeras mensualidades; es decir, si no se paga nada más, el propietario cobra al menos tres meses de alquiler.

Asimismo, ambos ejemplos realzan lo caras que son las ofertas, al tratarse de pisos de una habitación, algo imposible para una familia con hijos o con mayores dependientes.

MORALEJA

Aplica siempre la regla de que solo debes pagar un alquiler que, como máximo, corresponda a un tercio de los ingresos familiares. Prospectiva: ¿Es razonable tener solo una habitación?

MINICASAS

Por supuesto, también hay personas que viven en barquitos anclados en un puerto o en plataformas habitables ancladas en un río, así como en caravanas aparcadas o itinerantes. Ahora se ha desarrollado el nuevo fenómeno de las minicasas, «unidades de vivienda primarias y completas a pequeña escala. Construir y vivir en una minicasa se hace a partir de una elección consciente, como respuesta al deseo de vivir una vida más sencilla y centrada en lo esencial».

Hoy hay en el mercado minicasas de muy diversos tipos: modulares de madera, de hormigón, de contenedores reconvertidos, de acero, de hierro, cabañas, casas americanas y *tiny houses*, en general transportables y que no llegan a 25 m^2 [24]. En estas minicasas hay estrictamente lo esencial: cama, cocina, mesita, asientos, baño/ducha, espacio almacenamiento. Sirva de referencia la Mini Travel de 15 m^2 con un coste de 33.750 € de la empresa Norma Tiny House.

MORALEJA

Una minicasa puede ser una solución parcial y temporal para tener una vivienda, pero nunca será una solución digna a largo plazo. Los metros cuadrados así lo indican.

HABITACIONES

Resulta usual que haya apartamentos o pisos compartidos para estudiantes o turistas, en general amueblados y con todos los utensilios necesarios. No obstante, desde hace algún tiempo en grandes ciudades está resurgiendo el fenómeno del alquiler de habitaciones (tan usual en los años cincuenta y sesenta), las cuales tienen derecho a baño, cocina y zonas comunes. Hace años, eran muchas las viudas sin pensiones que vivían de alquilar alguna habitación de su gran piso. Veamos ahora algunos ejemplos:

Ejemplo 1:

Habitación encantadora en un apartamento de 14 habitaciones en San Gervasio, 556-618 €. 14 compañeros, 3 baños, 320 m^2. Calefacción, mesa escritorio, cómoda, estantería, armario, ventana, cama individual.

Características del piso: amueblado, lavavajillas, lavadora, cocina equipada, caldera central, calefacción, horno, wifi.

Observa que en este gran piso convivirán catorce personas, que tendrán que competir por el uso de los tres baños y preparar comidas en la única cocina.

Ejemplo 2:

Habitación en Sant Cugat, 500 €. Cama individual, ventana, ropa de cama, toallas, sillas, escritorio, cómoda, armario. Algunos gastos incluidos.

En este segundo ejemplo, carísimo, aparece la enigmática frase «Algunos gastos incluidos». Parece que se refiere solo al wifi.

Ejemplo 3 (Idealista):

3.617 habitaciones de alquiler en Barcelona. A partir de 230 € /mes.

Ejemplo 4:

Habitación privada en apartamento. Dormitorio: 9 m^2, alojamiento: 150 m^2. Amueblado, espacio para 1 persona, 10 compañeros de piso (mixto).

Estancia minima 1 mes, estancia máxima 11 meses, depósitos y fianza 800 € durante tu estancia. Alquiler mensualmente: 800 €. Suministros incluidos: electricidad, agua, gas, Internet.

En este caso, se advierte de que los ocupantes son mixtos (hay alternativas para chicas solamente), pero las cifras dan a entender que la vivienda resultará agobiante: serán diez habitaciones de 9 m^2 en 150 m^2, no se indica cuántos baños hay y se presupone una única cocina. Y un cargo carísimo de 800 € mensuales.

MORALEJA

Alquilar una habitación es siempre una solución muy temporal, por ejemplo, en hoteles durante un viaje, pero actualmente, con las demandas de estudiantes y de turistas, el mercado de habitaciones se ha desmadrado.

CAPÍTULO 11

EL IMPERIO DE LOS TANTOS POR CIENTO

NUEVE DE CADA DIEZ DENTISTAS RECOMIENDAN COLGATE

Cinco de cada cuatro personas
tienen problemas con las fracciones.

ANÓNIMO

Los hoy populares tantos por ciento tienen una larga historia. Ya en el Imperio romano se usaron para cobrar impuestos y, durante la Edad Media, tuvieron una gran difusión en relación con problemas de pérdidas o ganancias, así como de interés; de hecho, ya entonces se usaba la regla de tres.

Hoy en día, los tantos por ciento viven su mejor momento publicitario, pues acompañan muchas ofertas o noticias para darles una apariencia seria. En este capítulo, hemos seleccionado algunos ejemplos paradigmáticos del uso inmoral del porcentaje.

TANTO POR CIENTO

El tanto por ciento o porcentaje es una forma de expresar una cantidad como una fracción en 100 partes iguales. Así, por ejemplo, tenemos lo siguiente:

$$32\% = 32/100 = 32 \times 0{,}01 = 0{,}32$$
$$\text{El } 32\% \text{ de } 2.000 \text{ es } 2.000 \times 32/100 = 640$$
$$\text{y el } 32\% \text{ de } 40\% \text{ es } 32/100 \times 40/100 =$$
$$0{,}32 \times 0{,}40 = 0{,}128.$$

El símbolo actual del tanto por ciento ha ido cambiando a lo largo del tiempo. Su uso empieza en el siglo XV con la abreviatura del *per cento* italiano (pc) en un pequeño círculo usado para indicar los ordinales. Más tarde, en el siglo XVI, evoluciona a un signo de fracción horizontal que, ya en la época moderna, termina en el signo tal y como lo conocemos.

Cabe recordar que un aumento del 100 % es doblar la cantidad inicial, pero una disminución del 100 % da 0.

NUEVE DE CADA DIEZ DENTISTAS RECOMIENDAN COLGATE

La popular pasta de dientes Colgate se ha identificado con su propio eslogan publicitario tradicional: «Nueve de cada diez dentistas recomiendan Colgate». Esta afirmación tan precisa suscita inmediatamente preguntas que Colgate o su agencia de publicidad nunca se han atrevido a contestar: ¿a cuántos de los 40.077 dentistas en España se han entrevistado? ¿La muestra entrevistada era representativa (sexo, población, estudios, etc.)? Si nueve de cada diez recomiendan Colgate, ¿por qué la marca solo tiene el 42 % del mercado? ¿Por qué razones un 10 % de los dentistas no son partidarios de Colgate?

Ahora mismo, este anuncio de Colgate compite con uno nuevo: «Nueve de cada diez dentistas recomiendan Oral-B». Algo falla. No son creíbles todas estas opciones.

> **MORALEJA**
> Ninguna encuesta es creíble si no se indica el método seguido para realizarla.

EL IMPERIO DEL «SIN...»

Que un producto del ramo de la alimentación quiera resaltar sus contenidos es del todo razonable y exigible. Por ello, resulta sorprendente que determinados productos expliciten lo que no contienen, el famoso «sin…». «Agua sin gas» es una popular proclama en todas las aguas minerales donde no hay gas, pero donde no siempre se especifica bien lo que contienen.

Citemos otro ejemplo. La bebida de soja de la marca YOSOY indica lo que sigue: sin azúcares añadidos, baja en grasas saturadas, baja en sal, fuente de proteínas, sin gluten, sin aditivos. Y declara estar compuesta por agua, soja, carbonato de calcio y sal marina. Cabe destacar que en su etiqueta no se dan los valores del contenido del envase, sino los valores medios por cada 100 mililitros, dificultando así saber lo que te reportará la ingesta del contenido total. YOSOY tiene una gama de 0 % azúcar, en cuyos envases se indica que contiene «0 % azúcar, sin ningún azúcar y sin aditivos». ¿Por qué se aclara «0 % azúcar, sin ningún azúcar»?, una repetición que resulta sospechosa.

MORALEJA

Especificar el «sin...» no es adecuado si no se aclara el «con...».

CERVEZAS CON EL 0,0 % DE ALCOHOL

Hoy proliferan las cervezas sin alcohol, que a pesar del radical «sin...» no optan por el 0 %, sino por el 0,0 %, algo que resulta bastante curioso. Lo único matemáticamente razonable es intuir que ese 0,0 % es el resultado de truncar una expresión del tipo 0,0X % para así poder pasar del «poco» al «sin». Estudios sobre diversas marcas hacen ver que, en efecto, este es el caso (Bavaria, 0,04 % vol.; San Miguel, 0,03 % vol., etc.), aunque en la generación del «sin...» también existen los valores 0,85 % vol. (Laiker), 0,95 % vol. (Kaliber), etc. Todas tienen un nivel de alcohol bajísimo, pero, matemáticamente, lo del «sin...» y «0,0 %» resulta engañoso.

MORALEJA

El 0,0 % es una forma curiosa de esconder el segundo decimal.

EL 30 % Y LOS ALIMENTOS *LIGHT*

Con base en el acuerdo de 1990 de la Comisión Interministerial para la Ordenación Alimentaria, en España un alimento solo puede considerarse *light* si cumple los siguientes requisitos:

> (i) Para que exista un *light* debe existir en el mercado su homólogo no *light*;
> (ii) debe haber un 30 % de reducción mínima del valor energético respecto del alimento de referencia no *light*;
> (iii) debe tener un etiquetado explícito sobre reducción de calorías y valor energético (por 100 g o 100 ml) con referencia al homólogo no *light*.

La más curiosa es la primera condición, pues impide que se considere *light* un producto si el mercado no ofrece otra versión no *light*; es decir, lo de *light* es relativo, no una condición autónoma. Para lograr las versiones *light*, hay dos trucos elementales: o bien usar edulcorantes (sorbitol, manitol, xilitol, sacarina, aspartamo, ciclamato, etc.) en lugar de azúcar (sacarosa o fructosa), o bien sustituir grasas por otros elementos que simulen sabor y características, pero disminuyan calorías.

Cualquiera puede imaginarse la picaresca en el mundo *light*. La primera es no usar la palabra y dar otras denominaciones que para el consumidor signifiquen lo mismo, pero que libren al producto de reglamentaciones. Ahí están los «bajo en grasa», «sin azúcar», «0 % materia grasa», «*diet*», «ligero», «desnatado», «bajo en calorías» y un sinfín de alternativas. Además, todo producto *light* tiende a ser más caro que su homólogo no *light* (sobre un 76 %).

A veces, hay alimentos cuyo nombre nos induce a equivocarnos al valorar sus componentes. Por ejemplo, del delicioso Cacaolat cabría esperar una buena presencia de cacao, pero resulta que solo contiene un 1,5 % de cacao desgrasado.

En un estudio de Eroski sobre 52 alimentos *light*, se detectaron los siguientes problemas: todos los etiquetados eran deficientes, tres de cada cuatro eran más caros por ser *light* y la tercera parte de los *light* no eran en realidad tal cosa, al no alcanzar la reducción del 30 % calórico respecto de sus versiones no *light*. Para colmo, los alimentos no *light*, pero sí *diet*, «menos...», «sin...» podían ser incluso más energéticos y aportar más calorías que sus homólogos «más...», «con...». Valgan de referencia las mermeladas sin azúcar, pero con fructosa.

MORALEJA

A menudo, una palabra como *light* puede sustituirse por un sinfín de expresiones que eludan su cuantificación.

EN BLACK FRIDAY, HASTA UN 80 % DE DESCUENTO

El Black Friday es una jornada americana que ya se ha exportado a medio mundo consistente en unos descuentos que, desafortunadamente para el comercio tradicional, reducen ventas de Navidad. Además, hay tiendas donde del Black Friday se ha pasado al Black Week (o más días). Cabe remarcar que la exitosa idea en Estados Unidos consiste en ofrecer solo durante un día grandes descuentos de liquidación de *stock*, no una miserable rebaja del 10 o 20 %.

Yo recibí un correo de Vodafone anunciando hasta un 80 % de descuento. El popular uso del «hasta» es siempre abusivo, pues con tener un solo producto con un 80 % de descuento el «hasta» ya sería válido. En el mismo anuncio, se concreta que el Black Friday es del 22 al 30 de noviembre y que, si entras en la app Mi Vodafone, verás todas las superofertas. Para esto último, hay que identificarse con número de usuario, contraseña, etc.

A lo largo del año, las ofertas y promociones son muy diversas. Por ejemplo, Media Markt ya tiene planificada toda la secuencia de descuentos: día sin IVA, semana web, descuento directo, ofertas de Navidad, Black Friday, Cyber Monday, ofertas del día, *back to school*, Samsung *days*, *outlet days*, *brand days*, movilmanía, descuentos del 20 %, etc.

En 2024, hubo multitud de engaños. Por suerte, hay comparadores de precios (Keepa, Idealo, Verificador de Ofertas) que nos permiten ver si realmente se ofrecen descuentos o si se ha hecho la trampa de subir precios primero y rebajarlos después, volviendo así al valor inicial. Pero lo más frecuente en estafas para este viernes es proporcionar códigos QR que permiten captar nuestros datos, falsear webs y emplear los trucos usuales que ya hemos comentado.

> **MORALEJA**
> Un gran porcentaje de descuento resulta tentador, pero quizá no aporte nada interesante. Ojo con los tantos por ciento exagerados.

LAS MUJERES DEL BARRIO DE SANTS, LAS MÁS INFIELES DE ESPAÑA

La web Ashley Madison se dedica a ayudar a hombres y mujeres casados a tener una aventura de forma discreta. Hace un tiempo publicaron un estudio que constituyó el primer mapa de infidelidades de Barcelona. Este consistía en una comparativa por barrios que detectaba dónde había más usuarios de su servicio y, entre otros resultados, llegaron a una escandalosa conclusión: «Las mujeres de Sants-Montjuïc, las más infieles de España». Además, también concluyeron lo que sigue:

> Los abogados barceloneses son los más dispuestos a tener una aventura. De hecho, un 25 % de hombres y un 11 % de mujeres que se han inscrito en esta web para satisfacer sus necesidades sexuales y afectivas ejercen el derecho. Entre las demás profesiones, destacan los empresarios (13 %) y los banqueros (9 %) entre los hombres y las amas de casa (26 %) y las enfermeras (9 %) entre las mujeres.

A finales del 2023, una nueva publicación de la misma empresa situó Girona como la capital catalana con más infidelidades, tras Córdoba y San Sebastián. Según informaba *El Periódico*:

> Las últimas posiciones del *ranking* en deslealtad, según Ashley Madison, corresponden a Barcelona, Madrid, Valencia, Granada, Lleida, Getafe, Málaga, Bilbao, León, Alcobendas, Marbella, Huelva, Terrassa, Sabadell, Mataró, Reus y A Coruña. Estos datos certifican a Catalunya como la comunidad autónoma con las ciudades más infieles del territorio español.

Y, según el mismo diario, cabe recodar lo siguiente:

> El año 2015, Ashley Madison sufrió un robo de datos por parte de unos piratas informáticos. Posteriormente, se puso a cuerpo descubierto la lista completa de los usuarios que utilizaban la plataforma. Gracias a esto, en aquel momento, se certificó que 14.281 personas de Girona estaban registradas en la red social.

Si esta empresa no cuida bien su seguridad, ojo a todos los clientes.

MORALEJA

Creer que los clientes de una aplicación de citas es una muestra representativa de los españoles es un absurdo.

EL 25 % DE LOS PERFILES DE LAS APLICACIONES DE CITAS SON FALSOS

En febrero de 2021, Raquel Cruz publicó la crónica de un estudio, realizado por las Universidades de Stanford y la Estatal de Arizona, según el cual el 23,4 % de las fotos y descripciones que hay en aplicaciones de citas son falsas. Detrás de ellas, en apariencia personas atractivas, hay robots que desvían a webs de pornografía o de robo de datos de tarjetas bancarias.

MORALEJA

Buscar una cita por Internet puede ser arriesgado.

LLÉVATE 3 Y PAGA 2

Comprar tres productos y pagar solo dos es, sin duda, una de las ofertas más típicas en supermercados. Teniendo en cuenta que p es el precio del producto, y que D indica el porcentaje de descuento, tendríamos lo siguiente: $D = p/3p \times 100 = 33{,}33\,\%$.

Otro caso es que, comprando tres productos, nos regalen uno. Así, teniendo en cuenta que p es el precio de venta al público, en lugar de pagar $4p$, pagaríamos solo $3p$, luego el porcentaje de descuento sería el siguiente: $D = (p/4p) \times 100 = 25\,\%$.

MORALEJA

La oferta del tres por dos es mejor que la otra y debemos cuidar de no caer en el error de pensar que, al llevarse tres y pagar dos, como se pagan dos y uno sale gratis, se trata de un 50 % de descuento.

DESCUENTO NO, REGALO SÍ

Una promoción alternativa al descuento consiste en ofrecer un regalo, ya se trate de un reloj, 10 € de descuento en la próxima compra, una sopera, una camiseta publicitaria, un paraguas, un balón, una entrada a un concierto o partido de fútbol, una toalla, un podómetro, un iPod, un mp3 o una cena en un restaurante para dos. La gente joven suele apreciar más lo tecnológico.

Por ejemplo, una empresa de recambios ofrece como promoción una camiseta técnica combinada por la adquisición de un lote de 75 lámparas. Oferta de muy poco interés para la población en general. La camiseta puede ser atractiva, pero el lote de 75 lámparas lo dudo.

Otro ejemplo es de CaixaBank, que ofrecía a los clientes que domiciliasen su nómina en la entidad y cumplieran los requisitos de vinculación (domiciliar al menos tres recibos y realizar un mínimo de tres compras con tarjeta al trimestre) un televisor LG de 32" si la nómina era superior a 1.200 euros. En el caso de nóminas a partir de 2.500 euros, el cliente podía elegir entre un televisor de 50" o una remuneración en cuenta del 5 % TAE para los primeros 5.000 euros de saldo durante dos años. En este caso, por sofisticada que fuese la oferta para captar clientes nuevos, esto podría no gustar a los clientes fieles que ya habían optado por esta entidad hacía años.

PRECIOS Y CANTIDADES

Un engaño muy frecuente en grandes superficies es el hecho de que el precio de los envases de menor tamaño sea inferior por kilo al precio de los envases más grandes. Por ejemplo, dos latas de tomate triturado de medio kilo son más económicas que la lata de un kilo. El fraude es aprovecharse de que todo el mundo cree que lo grande es más económico.

Mi amigo Sol Garfunkel, cuando se da cuenta de algo así, es capaz de tirarse en el suelo frente a estas ofertas y exigir la presencia del encargado para que cambie de inmediato las etiquetas.

> **MORALEJA**
>
> La suma de los precios de las partes debe ser mayor o igual que el precio del total.

CHOCOLATE KINDER

El famoso chocolate Kinder tiene la siguiente composición:

> Chocolate con LECHE extrafino 40 % (azúcar, LECHE entera en polvo, manteca de cacao, pasta de cacao, emulgentes: lecitinas [SOJA]; vainillina), azúcar,

> LECHE desnatada en polvo, manteca de palma, MANTEQUILLA concentrada, emulgentes: lecitinas (SOJA), vainillina. Sobre el total: productos de la leche 33 %, cacao 13 %.

En la web de la marca, se especifican las características de sus ingredientes básicos: «miel, cereales, huevos, coco, extracto de café, grasas y aceites, azúcar, extracto de malta, levadura de panadería, gasificantes, emulgentes-lecitinas, aromas, zumo de limón, espesante, agentes de recubrimiento, sal, humectante».

Sin discutir la calidad de este producto, cabe observar sus limitaciones como alternativa a la leche. Y, lo que es más grave, porque debería estar prohibido, es que ciertos productos Kinder incluyen pequeñas figuras, una forma agresiva de hacer que los más pequeños se decanten por el juguete, no por el producto. Además, estos regalos se anuncian reiteradamente en televisión. Cabe recordar aquí que, según los últimos datos, los menores españoles de entre tres y doce años son los segundos en Europa que más tiempo pasan a diario ante el televisor.

MORALEJA

No conviene maquillar productos con regalos y los ingredientes han de leerse con suma atención.

POLLO DE CORRAL EN SOBRES DE SOPA

Recientemente, vi en un sobre de sopa «Con pollo de corral», pero en la otra cara, en un gesto de honradez que es de agradecer, el empresario cita un contenido de «Pollo de corral 0,7 %».

La misma casa vende un caldo casero para paella que dicen estar elaborado con gamba de Huelva, de la cual reconocen incluir solo un 0,3 %.

MORALEJA

Componentes con menos del 1 % en el contenido de un producto no deberían incluirse en reclamos o imágenes en el empaquetado.

EL ACEITE DE LAS PATATAS LAY'S MEDITERRÁNEAS

La empresa Snack Ventures tuvo que retirar del mercado las patatas fritas Lay's Mediterráneas por haber hecho creer al consumidor que el aceite de oliva era esencial en la preparación de las patatas, cuando en el propio envase, en letra pequeña, se decía que este ingrediente representaba solo un 2 % del producto. Además, en el envoltorio aparecían aceiteras con la frase «Aceite de oliva» y «El producto natural de nuestra dieta el aceite de oliva es el ingrediente esencial de la receta de Lay's Mediterráneas».

En el juicio a esta marca, la empresa reconoció que sus patatas estaban fritas con aceites vegetales y que el de oliva se añadía «como puro condimento» [25].

MORALEJA

No debe indicarse como ingrediente esencial un componente que solo representa un 2 % del producto.

EMPRESAS SANCIONADAS POR ENGAÑO EN EL PESO

Un timo clásico en alimentación es que el contenido descrito no sea verdadero. Por ejemplo, en la conocida web colombiana Ialimentos [26], se explicaron varios casos a los que la Superintendencia de Industria y Comercio (SIC) impuso cuantiosas sanciones. Por ejemplo, las bolsas de plátanos verdes Natuchips de Pepsico Alimentos de Colombia tenían entre un 2 y un 9 % menos que los 51 gramos de peso indicados y el atún Isabel Lomitos en Agua vendía envases metálicos con 80 gramos de producto supuestamente, pero parte de este se sustituía por líquido.

Desde tiempos muy lejanos, se ha recurrido a este timo del peso o volumen: se alteraban las medidas de los recipientes (subir el fondo, por ejemplo) o las balanzas o pesas. Ya en la Edad Media eran maestros en este enredo.

MORALEJA

Debemos comprobar que todo lo que se vende empaquetado o enlatado contenga realmente la cantidad de producto anunciado en el envase y, en caso contrario, exigir que así sea. No queremos pagar a precio de atún lo que es aceite.

ONCE YOU POP, YOU CAN'T STOP: PRINGLES

Alexander Liepa inventó en 1967, en la ciudad americana de Cincinnati, un nuevo *snack* a partir de patatas deshidratadas, agua y una cocción de la masa con aceite vegetal.

Unas nuevas patatas fritas de textura especial que fueron bautizadas con el nombre Pringle's (posteriormente, Pringles), de una calle de Cincinnati. Diversas han sido las controversias jurídicas sobre si este producto de verdad podía considerarse patatas fritas, pues solo contienen un 42 % de patata, y ello tiene grandes implicaciones económicas en impuestos, como el IVA aplicable.

La masa, moldeable, admitía diversas formas. La forma circular perfecta no era posible por su semejanza a las sagradas formas ecuménicas, por lo que Liepa le dio una interesante curvatura a la patata (como de una silla de montar a caballo), con la ventaja de que así eran apilables.

MORALEJA

Un 42 % de patata no debería venderse como patata.

CAPITALISMO ENTENDIDO CON TANTOS POR CIENTO

Entre las muy variadas descripciones del capitalismo, destaca una de T. S. Dunning en la que la clave son los tantos por ciento a los que hace referencia: «El capital se vuelve audaz si la ganancia es adecuada. Con un 20 %, se vuelve vivo; con el 50 %, positivamente temerario; con el 100 %, aplasta todas las leyes humanas, y, por encima del 300 %, no hay crimen al cual no se arriesgue, aunque le espere el patíbulo».

MÁS ALLÁ DEL 100 %

Una mala práctica en cálculos económicos lleva a veces a porcentajes superiores al 100 %, que no tienen ningún sentido. Que un negocio pierda un 20 % es algo creíble; si se dice que ha perdido un 100 %, es la ruina total; si ha perdido un 200 %, es que, encima de quedarse sin nada, debe una cantidad equivalente a la pérdida.

Hubo un país donde la inflación llegó al 1.000 %: Perú. Y el mandatario que logró este récord volvió a presentarse como candidato.

MORALEJA

Con los tantos por ciento superiores al 100 %, la cosa puede complicarse.

OJO CON LÍOS DE PORCENTAJES

Las estadísticas S. Fontdecaba y M. Montón realizaron un estupendo estudio crítico sobre estadísticas en la prensa, incluyendo una perla como la siguiente, que apareció en *El Periódico* del 5 de enero de 2006: «Alerta por la desprotección infantil ante los videojuegos violentos. El 65 % de los menores de 10 a 17 años admiten que acceden a programas para mayores de edad [...]. El problema es que el 50 % de los niños y el 15 % de las niñas entre 10 y 17 años reconocen que...».

¡Ojo! Parece que esto se lía. Según la entidad religiosa americana Southern Baptist Home Mission Board, el 46 % de la gente de Alabama irá al infierno. ¿Cómo pudieron hacer este cálculo?

En una ocasión, el presidente Rodríguez Zapatero se comprometió a que en cuatro años iba a duplicar el presupuesto de investigación y cumplió con creces. Para lograrlo, aumentó cada año un 25 %. Sin embargo, como cada año influía en el siguiente, se superó lo de duplicar.

Un error común en los periódicos de Estados Unidos es confundir tantos por ciento con céntimos. En una ocasión, el popular Schwarzenegger, gobernador de California, propuso un incremento de impuestos de 1,5 céntimos, pero el diario *San Jose Mercuri News* informó de un aumento impositivo del 1,45 %.

MORALEJA

Debemos cuidar los cálculos con tantos por ciento, evitando considerarlos números enteros.

GRÁFICOS FALSOS

Un tema clásico de las informaciones estadísticas es la elaboración de gráficos que permitan comprender mejor los datos, y ahí los tantos por ciento cumplen su papel.

En el caso de los diagramas de sectores circulares, lo que se representan son tantos por ciento, pero ello esconde las cantidades recopiladas.

En <https://tcagency.es/errores-de-visualizacion-de-datos/>, hay un interesante esquema de los fallos habituales en gráficos, entre los que vale la pena destacar un exceso de datos en una misma presentación gráfica y errores en datos matemáticos (por ejemplo, los tantos por ciento en un diagrama de sectores deben sumar 100 %). Veamos algunos ejemplos simples:

Reproducción de un gráfico de barras de La Sexta:

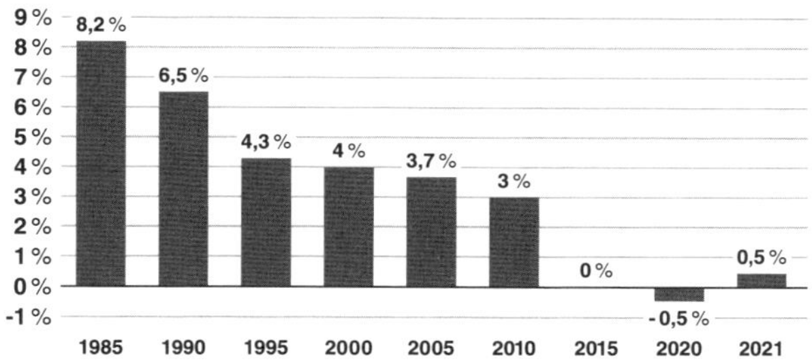

Reproducción de una portada de *Mundo Deportivo*:

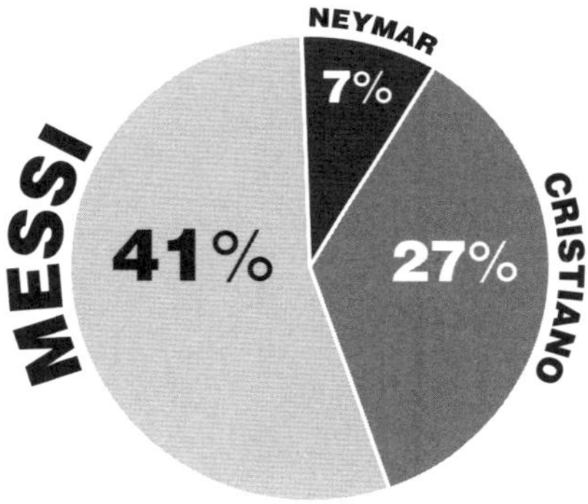

Parece que no suman 100…

MORALEJA

Siempre que veas un gráfico, dedica unos minutos a observarlo con detenimiento. En muchos casos, descubrirás incompetencia o mala fe.

CAPÍTULO 12

MISCELÁNEA DE ERRORES

50.000 SEGÚN LA GUARDIA URBANA, 350.000 SEGÚN LOS ORGANIZADORES

Todo lo que se puede contar no necesariamente cuenta;
todo lo que cuenta no necesariamente puede contarse.

ALBERT EINSTEIN

Si todo lo demás falla, la inmortalidad siempre
puede asegurarse mediante un error espectacular.

JOHN KENNETH GALBRAITH

Las matemáticas pueden presumir de tratar siempre con resultados verdaderos y de su utilidad para desenmascarar falsedades, pero en la propia disciplina puede haber errores: datos históricos mal documentados, biografías inventadas de supuestos matemáticos, cálculos mal hechos, usos malévolos de gráficas estadísticas, etc. En este apartado, recopilamos una pequeña muestra de algunos de estos errores que han dado lugar a noticias falsas.

Las noticias falsas no son un invento de la era Trump, sino que vienen de lejos. La Biblia es una obra fundamental de referencia en nuestra sociedad, pero el Antiguo Testamento contiene una gran cantidad de pasajes que hoy calificaríamos de «falsedades».

EL ARCA DE NOÉ Y EL DILUVIO UNIVERSAL

Veamos una de las versiones de la historia del arca de Noé que aparece en el libro del Génesis, capítulos 6-9. Hemos elegido solamente unos breves párrafos:

> Diez generaciones después de la creación de Adán, Dios vio que la tierra estaba corrompida y llena de violencia, y decidió destruir lo que había creado. Pero Dios encontró a un hombre justo, Noé, y le confió su intención: «Estoy a punto de traer el Diluvio [...] para eliminar por todas partes toda carne en la que haya aliento de vida». Así que Dios le ordenó que construyera un arca (en hebreo, un cofre o caja), y Noé entró en el Arca a sus seiscientos años [...].
>
> Tenía que llevar de ciertos tipos de animales hembra y macho, y en distinta cantidad: de los puros [en hebreo, *kosher* 'apropiados' ritualmente] debía tomar siete y de los impuros [no *kosher*] una sola pareja; y para suministrarles alimentos, le dijo que tomara y almacenara la comida necesaria.

En otra versión, se proporcionan los datos actualizados, aunque resulta extraño leer designios de Dios en castellano y en el sistema métrico decimal:

> Haz el arca de estas medidas: ciento treinta y cinco metros de largo, veintidós metros y medio de ancho, y trece metros y medio de alto. Hazla de tres pisos, con una ventana como a medio metro del techo, y con una puerta a uno de los lados.

Una breve reflexión hace ver que las dimensiones de esta arca eran insuficientes. Recuerda que el gran crucero actual *MSC World Europa* tiene 333 metros de largo, 47 de ancho y 21 pisos de altura. De personas solo iban los más allegados de Noé, pero en teoría el arca debía alojar miles de animales y tener la despensa bien surtida para muchos días de navegación.

Junto con el arca de Noé, la Biblia también describe el diluvio universal, que posiblemente fue una lluvia copiosa, pero no una inundación global:

> Y el día 17 del segundo mes de ese año las fuentes del Gran Abismo reventaron y las compuertas del cielo

> se abrieron y cayó lluvia durante cuarenta días y cuarenta noches hasta que las montañas más altas se cubrieron a una profundidad de 15 codos, y toda vida pereció excepto Noé y los que estaban con él en el Arca. Después de 150 días, Dios se acordó de Noé [...] y las aguas disminuyeron hasta que el Arca descansó sobre las montañas de Ararat, y el día 27 del segundo mes del año seiscientos uno de Noé, la tierra estaba seca.

El codo era la distancia que mediaba entre el codo y el final de la mano abierta (codo real) o en puño (codo vulgar). Lógicamente, su valor variaba de un país a otro, incluso dentro del país, según su uso. El codo hebreo tenía 24 dedos hebreos o $24 \times 15/12 = 30$ dedos romanos, es decir, 55,23 centímetros.

Basta recordar la altura del monte Everest, 8.848,86 metros, para deducir la imposibilidad de la inundación.

MORALEJA

La narración bíblica del diluvio y del arca de Noé son noticias falsas de gran calado, al basarse en datos inverosímiles.

LAS SIETE MARAVILLAS DEL MUNDO

La idea de hacer listas de construcciones valiosas o sorprendentes se remonta a los tiempos griegos. ¿Cuáles eran las siete maravillas mundiales entonces? En respuesta a esta cuestión, adquirieron gran consideración las listas de Filón de Bizancio y de Antípatro, con una clara preferencia mediterránea:

1. Gran Pirámide de Giza del faraón Keops (Giza, Egipto)
2. Jardines colgantes de Babilonia (Babilonia, Irak)
3. Templo de Artemisa en Éfeso (Éfeso, Turquía)
4. Estatua de Zeus en Olimpia (Olimpia, Grecia)
5. Mausoleo en Halicarnaso (Bodrum, Turquía)

6. Coloso de Rodas (isla de Rodas, Grecia)
7. Faro de Alejandría (Alejandría, Egipto)

La pena fue que la despiadada (o envidiosa) naturaleza fue destruyendo a lo largo del tiempo la mayoría de estas maravillas, usando aliados como terremotos, incendios, inundaciones…, y siempre con la ayuda humana para finiquitar el asunto. Solo quedó en pie la pirámide de Keops. Como ya intuirás, una lista de siete maravillas de las que solo queda una ha dado pie a otras más modernas de lugares visitables.

> **MORALEJA**
> Tanto se repite lo de las siete maravillas que muchas personas aún creen que todas existen.

NÚMEROS BÍBLICOS

Hay quien llegó a afirmar que la Biblia era un tratado de teoría de números. Esta exageración, propia de un matemático, se basaba en la observación de los muchos números que aparecen en las Sagradas Escrituras. Los más habituales son 1, 2, 3, 4, 5, 6, 7, 9, 10, 12, 40, 50, 70 y 666.

Algunos de estos números tienen una representación simbólica (1, 2, 3), mientras que otros representan conceptos como la verdad universal (4) o la perfección divina (7). Cabe resaltar la presencia reiterada del 7, que aparece en 42 ocasiones. El 666 hace referencia al demonio y el 40 siempre va ligado a noticias desastrosas (llovió durante 40 días en el diluvio, Moisés pasó cuarenta años en el desierto, al igual que los hijos de Israel, Jesús ayunó durante 40 días, las enfermedades tienen cuarentenas, etc.).

Asimismo, en la Biblia el número pi equivalía a 3. En Reyes 7:23 observamos la siguiente afirmación: «Hizo fundir asimismo un mar de diez codos de un lado al otro, perfectamente redondo; su altura era de cinco codos, y lo ceñía alrededor un cordón de treinta codos». Al ser pi la razón entre el perímetro y el diámetro de la circunferencia, según la descripción dada, observamos que pi era igual a 30/10 = 3 codos.

Aunque fue un error histórico, hoy el 3 sería un valor falso y sorprendentemente pobre para su época, pues diversas culturas, como la mesopotámica o la egipcia, hicieron mejores aproximaciones, del estilo 25/8, 256/81, 339/108 ≈ 3139.

> **MORALEJA**
> Ni la Biblia está exenta de errores matemáticos o usos especiales de números.

LA TIERRA ES PLANA

Múltiples observaciones en tierra y mar, ya fuese mirando al horizonte u observando el cielo, llevaron a algunos humanos a descubrir que vivían en un planeta esférico, y no plano. Por ello, resulta sorprendente que en 1956 nazca la Flat Earth Society. Se trata de una sociedad angloamericana impulsada por Samuel Shenton que defiende la idea de que la Tierra es plana. Desde 1956 hasta el día de hoy, ha ido cambiando de nombre o presidente y en algunos momentos llegó a contar con más de 300.

Durante años, el modelo terrestre de los adeptos a la planitud era un círculo plano con el Ártico situado en el centro y el Antártico en el borde circular, lo que implicaba una muralla de hielo alrededor del borde de unos 45 metros de altura.

Y hay más: incluso reconociendo la esfericidad del planeta Tierra, ya en la Antigüedad surgieron dudas sobre la existencia de los antípodas, es decir, personas que viviesen en el lado opuesto al nuestro. Tampoco tenían claro que hubiese agua de mar en esta otra parte. El mismo san Agustín de Hipona (354-430) argumentó que no existían los antípodas. En un grabado medieval del siglo XIV también se aborda este tema y en el mapamundi de Jean Mansel (1459) se representa el mundo habitado solo en la parte superior de la esfera. Algunas preguntas frecuentes que se hacían al respecto era cómo crecían los árboles y plantas, cómo caía la lluvia, cómo se andaba con los pies más altos que la cabeza, etc., un sinfín de cuestiones sorprendentes.

MORALEJA

Solo vale la pena predicar que la Tierra es plana si esto desgrava. En un arrebato de humildad, podrías reconocer que tú eres el antípoda de la gente de Nueva Zelanda o de Argentina.

ARTE Y FALSEDAD: *LA ESCUELA DE ATENAS*

Antes de la fotografía ¿cómo se representaba a los matemáticos de las épocas antiguas? Algunos privilegiados tuvieron la suerte de que, en vida, un pintor o escultor dejara su imagen en una tela o busto de mármol. Pero ¿qué pasa con los que no dejaron rastro?, ¿cómo se los ha representado?

La respuesta a esta cuestión es la gran imaginación de los artistas plásticos para plasmar lo que no se ve. El arte nunca ha estado interesado en la verdad, y en ello se basan las representaciones inventadas. A los artistas e ilustradores no les ha importado nunca dar rienda suelta a su creatividad. He llegado a ver una representación de Euclides con cara de chino.

Un caso que merece citarse es el del gran mural de pintura al fresco *La Escuela de Atenas* (1509-1511), de Rafael Sanzio, en el Palacio Apostólico en la Ciudad del Vaticano.

Al gran Rafael se le encarga una obra que muestre a los filósofos, científicos y matemáticos más importantes de la época clásica. Por tanto, Rafael, que no ha visto a los personajes reales, o se inventa su aspecto, o toma como modelo alguien anónimo de su época, o elige a alguien singular contemporáneo para salir del aprieto. Además, Rafael pinta a dioses como Apolo o Atenea.

Heráclito tiene los rasgos de Miguel Ángel, a Hipatia de Alejandría la pinta como Margherita Luti o como el joven Francesco Maria della Rovere, Platón aparece representado como Leonardo da Vinci, Apeles es el autorretrato del propio Rafael y Euclides corresponde a Bramante. Fíjate en que, en algunos casos, Rafael recurre a gente que está trabajando allí en el momento de elaborar la pintura; por ejemplo, Miguel Ángel estaba atareado con su Capilla Sixtina y Bramante era el arquitecto del papa Julio II, quien le encargó el fresco.

Indirectamente, en el cuadro de Rafael vemos algo cierto muy interesante: la imagen de Leonardo y otros artistas.

MORALEJA

El arte nos regala imágenes muy bellas, pero pueden ser falsas. La imaginación hace maravillas.

LITERATURA Y FALSEDAD: LISTAS *FAKE*

Diversos autores han usado las listas para ordenar su propio mundo de ficción. En literatura, la falsedad acostumbra a ser un valor. En su maravilloso cuento *El idioma analítico de Johan Wilkins*, Jorge Luis Borges incluye la clasificación que se encontraba en cierta enciclopedia china titulada *Emporio celestial de conocimientos benévolos*:

> En sus remotas páginas está escrito que los animales se dividen en (a) pertenecientes al Emperador, (b) embalsamados, (c) amaestrados, (d) lechones, (e) sirenas, (f) fabulosos, (g) perros sueltos, (h) incluidos en esta clasificación, (i) que tiemblan como enojados, (j) innu-

merables, (k) dibujados con un pincel finísimo de pelo de camello, (l) etcétera, (m) que acaban de romper un jarrón, (n) que de lejos parecen moscas.

Un escritor capaz de romper nuestros esquemas con sus listas es George Perec, el autor de *La vida instrucciones de uso*, donde llega a proponer 81 recetas de cocina para principiantes sobre lenguados, conejos, mollejas o gazapos, así como de *Tentativa de inventario de alimentos líquidos y sólidos que ingerí a lo largo del año 1974*. Aunque posiblemente mi favorito sea el capítulo incluido en *Pensar, clasificar* dedicado a la ordenación de los libros. Entre otras consideraciones, a veces surrealistas —se nos da una lista de los lugares donde se pueden guardar libros, por ejemplo—, el autor nos habla de distintos modos de clasificar los libros: «clasificación alfabética; clasificación por continentes o países; clasificación por colores; clasificación por encuadernación; clasificación por fecha de adquisición; clasificación por fecha de publicación; clasificación por formato; clasificación por géneros; clasificación por grandes periodos literarios; clasificación por idiomas; clasificación por prioridad de lectura; clasificación por serie».

En un libro de 1977, D. Wallechinsky e Irving y Amy Wallace proponen listas tan irresistibles como las de «Personas de las que se sospechó que eran Jack el Destripador», «Nombres de personas incorrectamente nombradas por Ronald Reagan», «Nueve gatos que viajaron una larga distancia y regresaron a casa» o «Diez libros memorables que nunca existieron». Hoy se siguen publicando este tipo de clasificaciones, tanto en páginas web como en forma de libros.

LAS CUENTAS DEL GRAN CAPITÁN

Con *cuentas del Gran Capitán* hacemos hoy referencia a unas cuentas económicas exageradas, fuera de toda mesura. Pero la expresión proviene de una popular anécdota atribuida a Gonzalo Fernández de Córdoba, alias Gran Capitán, al presentar al rey Fernando el Católico una forma de dar cuentas de los gastos propios de la campaña de Nápoles del año 1506:

Cien millones de ducados en picos, palas y azadones para enterrar a los muertos del enemigo. Ciento cincuenta mil ducados en frailes, monjas y pobres, para que rogasen a Dios por las almas de los soldados del rey caídos en combate. Cien mil ducados en guantes perfumados, para preservar a las tropas del hedor de los cadáveres del enemigo. Ciento sesenta mil ducados para reponer y arreglar las campanas destruidas de tanto repicar a victoria. Finalmente, por la paciencia al haber escuchado estas pequeñeces del rey, que pide cuentas a quien le ha regalado un reino, cien millones de ducados.

Fíjate en que el Gran Capitán argumenta sus cuentas haciendo continuas referencias a hechos que podían de ser del agrado del rey, gastos creíbles.

MORALEJA

Los grandes números siempre dificultan nuestra capacidad de entender cantidades muy alejadas de nuestra economía más próxima.

LAS CUENTAS DE DON JUAN TENORIO

En 1844, José Zorrilla publicó la famosa obra *Don Juan Tenorio*. En el inicio de la acción, datada en 1545, don Juan Tenorio y don Luis Mejía mantienen una acalorada charla donde echan cuentas de los duelos ganados y las mujeres seducidas por cada uno de ellos en el último año:

Don Luis: Razón tenéis en verdad. Aquí está el mío: mirad, por una línea apartados traigo los nombres sentados para mayor claridad.

Don Juan: Del mismo modo arregladas mis cuentas traigo en el mío: en dos líneas separadas los muertos en desafío y las mujeres burladas. Contad.

Don Luis: Contad.

Don Juan: Veinte y tres.

Don Luis: Son los muertos. A ver vos. ¡Por la cruz de San Andrés! Aquí sumo treinta y dos.

Don Juan: Son los muertos.

Don Luis: Matar es.

Don Juan: Nueve os llevo.

Don Luis: Me vencéis. Pasemos a las conquistas.

Don Juan: Sumo aquí cincuenta y seis.

Don Luis: Y yo sumo en vuestras listas setenta y dos.

Don Juan: Pues perdéis.

Don Luis: ¡Es increíble, don Juan!

Don Juan: Si lo dudáis, apuntados los testigos ahí están, que si fueren preguntados os lo testificarán.

Don Luis: ¡Oh! y vuestra lista es cabal.

Don Juan: Desde una princesa real a la hija de un pescador, ¡oh!, ha recorrido mi amor toda la escala social. ¿Tenéis algo que tachar?

Don Luis: Solo una os falta en justicia.

Don Juan: ¿Me la podéis señalar?

Don Luis: Sí, por cierto, una novicia que esté para profesar.

Don Juan: ¡Bah! Pues yo os complaceré doblemente, porque os digo que a la novicia uniré la dama de algún amigo que para casarse esté.

Don Luis: ¡Pardiez que sois atrevido!

Don Juan: Yo os lo apuesto si queréis.

Don Luis: Digo que acepto el partido. ¿Para darlo por perdido queréis veinte días?

Don Juan: Seis.

Don Luis: ¡Por Dios que sois hombre extraño! ¿Cuántos días empleáis en cada mujer que amáis?

Don Juan: Partid los días del año entre las que ahí encontráis. Uno para enamorarlas, otro para conseguirlas, otro para abandonarlas, dos para sustituirlas, y una hora para olvidarlas. Pero, la verdad a hablaros, pedir más no se me antoja porque, pues vais a casaros, mañana pienso quitaros a doña Ana de Pantoja.

El relato ha representado siempre un reto matemático. Por ejemplo, Marta Macho lo publicó en 2022 en los *Cuadernos de Cultura Científica* añadiendo la siguiente apreciación:

> ¿Es razonable lo que dice? Es decir, a pesar de la arrogancia, ¿sus números encajan? Repasemos esas cantidades. El galán invierte 5 días en: «enamorar» (1 día), «conseguir» (1 día), «abandonar» (1 día) y «sustituir» (2 días) a cada mujer = 5 días. Como en su lista había 72 mujeres, son en total 72 × 5 = 360 días. Además, emplea una hora para olvidar a cada mujer; es decir, 72 × 1 hora = 72 horas = 3 días.
>
> Es decir, según los datos proporcionados, ha precisado 363 días para «burlar» (así denomina don Juan su dudosa *hazaña*) a esas 72 mujeres..., una cuenta bien precisa, ¡e incluso le quedan un par de días para descansar!

Pero hagamos otro cálculo: 365/72 = 5,0694444; o sea, 5 días y 1,66 horas, es decir, necesitaba más de una hora para olvidarlas. Pero el 1545 no fue año bisiesto. Si lo hubiese sido, sería 366/72 = 5,0844; es decir, 5 días y 1,999 horas (o sea, dos).

MORALEJA

Don Juan Tenorio podría considerarse hoy un precedente de Donald Trump en cuanto a conquistas femeninas y noticias falsas.

DATOS BAJO SOSPECHA

> La Estadística es la ciencia de los datos:
> producir datos, ponerlos en forma clara y manejable
> e interpretarlos para extraer conclusiones acerca
> del mundo que nos rodea.
>
> DAVID MOORE

La estadística demuestra que de todos los que contraen el hábito de comer, muy pocos sobreviven.

GEORGE BERNARD SHAW

La estadística es la ciencia de los datos y, si estos son suficientes y de calidad, permite llegar a conclusiones muy relevantes. Con la tecnología actual, acumular datos es simple, pero hoy es necesario, más que nunca, observar la calidad de estos, es decir, si provienen de fuentes solventes, si se han obtenido como es debido y si el problema sobre el que tratan tiene interés. Necesitamos más que nunca desarrollar el sentido común estadístico para enfrentarnos al alud de datos. Aquí te pongo algunos ejemplos.

Ejemplo 1: En un reciente suplemento de *Salud & Vida* apareció la siguiente información: «Actualmente, el 15 % de los hombres ya se hacen limpiezas faciales, el 26 % emplea productos cosméticos y el 35 % habla de cosmética con su pareja y amigos».

¿Qué te dice tu sentido común al respecto? A menudo, en publicidad se usan números para transmitir una idea de seriedad, de apoyo científico indiscutible.

Ejemplo 2: Según un estudio de la Universidad de Burgos, las escaleras de mano son un gran peligro (no se explica la motivación que llevó a un grupo de investigadores a dedicarse a este tema). Así, dieron con estos datos nada triviales: «Entre 1998 y 2008 en España se produjeron alrededor de 150.000 accidentes con escaleras de mano, la mitad de ellos cuando la persona subía o bajaba los peldaños. Además 105 de los accidentados fallecieron por esta causa».

La otra mitad que tuvo accidentes sin subir ni bajar debía de corresponder a gente que se le ha caído la escalera a la cabeza o tropezado con ella. El sentido común nos dice o bien que no usemos nunca más escaleras en casa sin la presencia de los servicios médicos de urgencia, o bien que dudemos sobre la veracidad de los datos.

Ejemplo 3: En enero de 2012, la agencia EFE difundió una noticia sorprendente: «Nueve de cada diez billetes de euro de Gran Canaria tiene restos de cocaína». Los datos provienen de un estudio estadístico de la Universidad de Las Palmas de Gran Canaria de 120 billetes, lo que permitió «identificar hasta 21 tipos de drogas de uso frecuente en los billetes de 5, 10, 20, y 50 euros analizados». Sin dudar de la bondad del estudio, sus resultados hacen tambalear el sentido común estadístico, pues no parece posible que la minoría de consumidores de drogas haya llegado a contaminar con 21 tipos de droga el 90 % de los billetes.

Ejemplo 4: Muchos programas televisivos cometen el error de elevar a categoría de verdad estadística lo que, en realidad, es la opinión de una persona o una simple observación. Así, durante la campaña navideña de 2011, la mayoría de las cadenas informaron de que los ciudadanos miraban, pero no compraban, afirmación avalada por dos imágenes de gente en la calle frente a una tienda vacía y la opinión de un par de dependientas. Es de sentido común no confundir un ejemplo con una realidad.

Ejemplo 5: En el caso de los partidos de fútbol, se han ido acumulando tantos datos históricos que se ha caído en el error de hacer predicciones sobre los próximos partidos o jugadores basadas en el historial de los clubs o los goles anteriores. La cosa alcanza todo su esplendor cuando ya han muerto o se han retirado todos los que participaron en los partidos históricos y, aun así, se predice cómo actuará el nuevo equipo.

Las tecnologías modernas permiten incorporar sobre la marcha, durante las retransmisiones televisivas de fútbol, infinidad de datos sin ningún interés para los televidentes: tiempo de posesión de balón, faltas no pitadas, tiros a puerta... Si al final del partido este retrato numérico aún podría ser un resumen ilustrado, sobre la marcha tiene muy poco sentido.

La conclusión es que no debemos fiarnos de los datos numéricos por sí mismos, sino en función de su interés y credibilidad.

50.000 SEGÚN LA GUARDIA URBANA, 350.000 SEGÚN LA ORGANIZACIÓN

El bueno de Albert Einstein ya dijo que «no todo lo que cuenta puede ser contado y no todo lo que puede ser contado cuenta».

Una *fake new* clásica es la noticia sobre cuántas personas han asistido a una manifestación. Ingenuamente, podríamos pensar que al tratarse de un número contable la cuestión admite una respuesta clara y verdadera. Sin embargo, la experiencia demuestra que la información que se da en cualquier medio de comunicación siempre depende de la cifra oficial de la Guardia Urbana, de la facilitada por la organización y de la forma de expresar la noticia de cada medio.

Tomemos como ejemplo la manifestación que hubo en el paseo de Gracia de Barcelona el 8 de octubre de 2023, convocada por Sociedad Civil Catalana con el fin de protestar por la posible amnistía que podría otorgar Pedro Sánchez a cambio de ser elegido presidente.

Titular de *El País*:

Manifestación en Barcelona 8 de octubre. Miles de personas protestan contra la amnistía en la capital catalana. Unos 50.000 manifestantes acuden a la marcha, según la Guardia Urbana. La organización eleva el número de asistentes hasta los 300.000.

Titular de RTVE:

La Guardia Urbana cifra en 50.000 los asistentes mientras la organización eleva el número hasta 300.000 personas.

Titular de *Libertad Digital*:

Decenas de entidades constitucionalistas se suman a la manifestación del 8 contra la amnistía en Barcelona.

Comunicación oral de los organizadores al final:

Nos hemos manifestado más de 350.000 personas.

Lo más sorprendente, por incomprensible, es la referencia de *Libertad Digital* a «decenas de entidades constitucionalistas», cuando hay muy pocas.

El trazado de la manifestación fue en el paseo de Gracia, desde la calle Provenza hasta la Gran Vía, lo que supone seis manzanas de dicha avenida. Este paseo tiene una anchura de unos 60 metros y una longitud total de 1,6 kilómetros y las manzanas son de 113,33 metros. Así, se trata de un ejercicio de contar que no solo es válido para las manifestaciones, sino también para calcular los peces que hay en un lago, las células cancerosas en un tumor o los libros que se venderán. El recurso más simple consiste en escoger una buena muestra —una parte representativa del todo— y, presuponiendo que la distribución es uniforme, multiplicar siguiendo la proporción correspondiente. Este es un sistema válido, por ejemplo, para saber el número de leucocitos en nuestra sangre, pero más arriesgado para adelantar el número de votantes de determinado partido.

Hoy en día es posible contar bien los manifestantes, pero esto exige rigor y, por lo tanto, es caro. Por supuesto, no se puede reducir a cero el margen de error (por ejemplo, diferenciar a los manifestantes de quien está dando una vuelta por el centro y se ha encontrado con la manifestación), aunque existen recursos para dar un cálculo muy fiable: mapas a escala del lugar de la manifestación y programas como Google Earth, y además es fácil obtener fotografías aéreas desde helicópteros, drones o terrazas elevadas. Queda la cuestión de la densidad de personas, en lo que pueden ayudar algunos datos orientativos. Por ejemplo, en las zonas más densas, puede haber entre tres y cinco asistentes por metro cuadrado, de modo que, en un paseo de 1.000 metros de longitud y 100 de ancho, no cabrán más de medio millón de manifestantes. En el caso de las plazas, es todavía más simple: en una plaza cuadrada de 200 metros de lado no se podrían concentrar más de 200.000 personas.

Queda claro que, delimitando la densidad de personas en distintos tramos, detectando si hay grandes banderas transportadas horizontalmente o distinguiendo los manifestantes de posibles paseantes, se puede obtener un resultado satisfactorio. ¿Por qué no se hace entonces? Es cierto que esta manera de contar tiene algunas desventajas. Hay que invertir dinero, disponer de un equipo preparado y tener algo de paciencia, pues los resultados no son inmediatos. No obstante, da la impresión de que si no se hace es porque a los agentes políticos y a sus medios de comunicación les va bien esta imprecisión: es ideal para usar los números de manera populista y seguir haciendo política de vuelo raso.

Afortunadamente, diversas páginas de Internet dan alternativas fiables a la disparidad de datos referentes a las manifestaciones. Puedes visitar las webs Malaprensa [27], Laboratorio de Periodismo [28], Manifestómetro [29] y Mapchecking [30]. Resaltemos hoy la aplicación Mapchecking, cuyo uso es sencillísimo. Hay que indicar la densidad media de personas que hay en la manifestación (en general, la densidad promedio durante un evento es de tres o cuatro personas por metro cuadrado) y seleccionar el área sobre la que discurre la manifestación o el evento. El trazado, mediante puntos y líneas que pueden reajustarse, es muy sencillo. La herramienta da como resultado el número de personas que habrá más o menos dentro del área que hemos trazado. El mapa usa la API de Google Maps.

MORALEJA

Ni la Guardia Urbana ni los organizadores de manifestaciones tienen el aval moral de evaluar como es debido a los manifestantes. La larga historia de conflictos al respecto lleva a pensar en la necesidad de recurrir a agencias independientes para que las evaluaciones sean creíbles.

TURISTAS Y AEROPUERTOS

Contar los grandes números de turistas en aeropuertos o puertos es siempre algo importante para hacer previsiones económicas o planes de ampliación. Por ejemplo, en Barcelona, hay una guerra de cifras sobre la necesidad de ampliar las pistas del aeropuerto debido al previsible incremento de visitantes. Ada Colau y Jessica Albiach, de los Comunes y Sumar, difundieron en 2023 y 2024 que habría 20 millones de turistas más como argumento para no ampliar el aeropuerto. Por suerte, Verificat ha aclarado que las previsiones serias de crecimiento de afluencia en caso de ampliación son de 20 millones de pasajeros, de los cuales la mitad, 10 millones, serían auténticos turistas.

CLASIFICACIONES UNIVERSITARIAS

Contar es complicado, pero ordenar aún puede resultar más difícil. En la última década, se han puesto de moda las publicaciones anuales de clasificaciones universitarias, es decir, listas de las mejores universidades del mundo. El tema tiene interés para las familias y estudiantes que quieren información sobre dónde cursar estudios o ampliarlos (másteres, doctorados…). Pero, por encima de todo, las clasificaciones interesan a las universidades bien situadas para que sus presidentes o rectores presuman, puedan pedir más financiación pública o suban los precios de las matrículas, entre otras cosas.

Entre las clasificaciones de más difusión cabe citar Academic Ranking of Wold Universities-Ranking de Shanghái, Leiden Ranking, QS Ranking, U-Multirank, CHE-Ranking, Ranking I-UGR de Universidades Españolas, Webometrics, Scimago Institutions Rankings o las que elaboran Universia y *Times Higher Education*.

¿Cómo se ordenan cada año las universidades? En primer lugar, hay criterios bibliométricos y de premios que pueden certificarse de forma objetiva sin necesidad de recoger información directa de las instituciones implicadas, como el número de publicaciones de profesores e investigadores en revistas de gran prestigio internacional, en especial *Science* y *Nature*; el número de citas internacionales de los trabajos publicados por los académicos; el volumen de trabajos académicos en Internet, y el número de exalumnos y profesores con grandes premios en su haber (Nobel, medalla Fields…).

En segundo lugar, se incluyen datos que facilitan las propias instituciones, como el número de alumnos matriculados, la proporción de matriculados con graduados, las tesis doctorales leídas, los profesores doctores, las ofertas de posgrado, los libros de prestigio publicados, la documentación, libros y revistas en las bibliotecas, etc. A veces, también se incluyen valoraciones de académicos internacionales externos.

El resultado da en cada caso las 50, 100, 500 universidades mejores, y siempre aparece una serie bien conocida en los primeros lugares: Harvard, Oxford, Cambridge, Stanford, MIT.

Ahora, el fenómeno es ir más allá de estas clasificaciones mundiales y hacer listados más restringidos: las mejores universidades jóvenes (menos de cincuenta años), las mejores en Iberoamérica, las mejores en medicina, etc.

Visto críticamente, las listas intentan reducir a un número ordinal sin matices las universidades existentes, algo que tiene cierta gracia si estas se encuentran en las mejores posiciones, pero es de nulo interés si están en otras: ¿a quién le sirve saber que una universidad es la 345.ª? Si quieres enviar a un hijo a estudiar allí o deseas hacer un posgrado en ella, ¿de qué sirve el orden global si nada indica sobre la facultad o departamento de tu interés? ¿Por qué se valoran más las publicaciones y premios que la calidad docente? Si un rector contrata a golpe de talonario cinco premios nobel, su universidad quedará mucho mejor el año siguiente sin que haya cambiado nada necesariamente.

En definitiva, las clasificaciones universitarias no son más que una versión académica de los concursos de mises.

MORALEJA

Las clasificaciones universitarias tienen sentido para ver la posición internacional de las mejores, pero son más interesantes los listados de carreras y los que incluyen datos de calidad educativa, no solo de investigación.

LA MAGIA DE LOS PUNTOS EN LOS NÚMEROS

El 672457893 es un número de móvil, pero 672.457.893 es una cantidad económica que algunos escribirían 672$_{1}$457.893 y 672.457,893 es el resultado de calcular un promedio. ¿Cómo se usan los puntos y las comas al escribir los números?

Muchas son las noticias de prensa que pasan a ser falsas si no se escriben o leen correctamente los números que forman parte de ella.

La RAE ha adoptado un perfil conservador en relación a este tema:

> Aunque todavía es práctica común en los números escritos con cifras separar los millares, millones, etc., mediante un punto (o una coma, en los países en que se emplea el punto para separar la parte entera de la decimal), la norma internacional establece que se prescinda de él. Para facilitar la lectura de estos números, cuando constan de más de cuatro cifras se recomienda separar estas mediante espacios por grupos de tres, contando de derecha a izquierda: 52 345, 6 462 749. Esta recomendación no debe aplicarse en documentos contables ni en ningún tipo de escrito en que la separación arriesgue la seguridad. No se utiliza nunca esta separación, ni tampoco el punto, en la expresión numérica de los años, en la numeración de páginas, portales de vías urbanas y códigos postales, ni en los números de artículos, decretos o leyes.

Las normas internaciones ISO 80000 y el sistema internacional establecen que los grupos de tres cifras se separan con espacio, no con punto ni coma. Así, tendríamos diez mil expresado como 10 000 o incluso 10000, pero no 10.000. En el caso de los decimales, se recomienda usar el punto como signo separador de los decimales (45.61), pero en casos como el español se admite el uso de coma (45,61).

Muy a pesar de las normativas académicas o internacionales, hay casos excepcionales: años (2023), numeración de páginas (1345), códigos postales (17714), numeración urbana (1234), números de leyes o decretos, documentos contables, etc.

Asimismo, cuando una noticia hace referencias a billones, hay gran probabilidad de que sea falsa en algún continente. Una consulta al diccionario de la RAE aclara el tema:

billón

Del fr. *billion*, de *bi-* 'bi-. y la t. de *million* 'millón'.

1. m. Un millón de millones, que se expresa por la unidad seguida de doce ceros.

2. m. *EE. UU.* Mil millones, que se expresa por la unidad seguida de nueve ceros.

Así el billón occidental u oriental es 10^{12} pero el billón americano es 10^9.

A menudo, cuando se da información económica o astronómica, se habla de billones, pero el resultado es muy diferente si no se aclara a qué billones se refiere. El billón americano en español es el millardo.

MORALEJA

Los puntos desempeñan un papel clave en la escritura de los números. Cuida muy bien el tema de las tradiciones numéricas y métricas del sistema anglosajón, pues pueden dar lugar a desagradables errores.

EL TEOREMA DE LOS CUATRO COLORES

La verdad de un resultado o su demostración matemática es algo que puede ir cambiando con los años. Esta es la historia de un problema formulado en 1852 que no se resolvió hasta 1976. El inicio fue simple, el final espectacular.

En 1852, Francis Guthrie, observando mapas, tuvo la intuición de que era posible colorearlos con cuatro colores de modo que aquellas zonas con frontera común fuesen de un color diferente. Como Francis ya había acabado sus estudios universitarios, le escribió sobre esta curiosa cuestión a su hermano Frederick, que por aquel entonces seguía un curso de Matemáticas con el reconocido profesor Augustus de Morgan. Al no poder darle una respuesta, De Morgan les contó este problema a otros colegas, como sir William Hamilton. No obstante, fue Arthur Cayley quien llegó a presentar formalmente este reto a la London Mathematical Society en 1878, dejando este problema abierto a la consideración de todos.

En 1879 se publicó un artículo en el que se demostraba que, en efecto, cuatro colores eran suficientes gracias a una ingeniosa explicación hallada por Arthur B. Kempe, un abogado de Londres. Entre 1879 y 1890, durante once años, esta solución se dio por buena y el problema de los cuatro colores se consideró resuelto.

La sorpresa surgió en 1890, cuando P. J. Heawood puso en evidencia un fallo irresoluble en la explicación de Kempe, por lo que el problema quedó de nuevo pendiente de solución. El propio Heawood y muchísimos otros dedicaron entonces grandes esfuerzos a intentar resolverlo. Nadie encontró nunca un mapa que necesitara como mínimo cinco colores; por tanto, era lógico apostar por que fuese suficiente con cuatro. Como siempre ocurre en matemáticas, la ventaja de atajar un problema que no sale lleva a que surjan muchos otros resultados que, aunque no resuelvan el reto inicial, tienen su aplicación en otros campos (geometría, topología, combinatoria...).

Curiosamente, en mapas situados sobre superficies más raras que un plano o una esfera, sí que se pudo demostrar cuántos colores eran suficientes. Por ejemplo, en un toro, que tiene forma de rosquilla o dónut, se necesitaban siete colores, mientras que en una cinta de Möbius, que surge al unir los lados cortos de un rectángulo largo dándoles media vuelta, se necesitaban seis. También se dio una demostración correcta de que cinco colores eran suficientes y se caracterizaron los mapas coloreables con dos o tres..., pero el caso de los cuatro colores en mapas (del plano o la esfera) seguía aguardando solución. ¡Y larga fue la espera!

En 1950, se vio que aquellos mapas con menos de 36 países se podían colorear con cuatro colores y el alemán Heinrich Heesch, siguiendo las ideas de Kempe, intuyó que los ordenadores ayudarían a atajar este problema, pues el hecho de considerar cualquier mapa lleva a muchísimas configuraciones posibles.

Fue entre 1970 y 1976 cuando los matemáticos Kenneth Appel y Wolfgang Haken, de la Universidad de Illinois en Urbana-Champaign, con la ayuda de un ordenador y distinguiendo miles de casos, lograron dar la buena nueva: cuatro colores son suficientes.

Si bien se han dado presentaciones más refinadas del resultado de Appel y Haken, nadie hasta el momento ha logrado eludir la intrincada enumeración de casos, es decir, encontrar argumentos que resolvieran la cuestión sin ayuda computacional.

Asimismo, incluir la computación en demostraciones matemáticas (más allá de los colores) ha abierto un nuevo paradigma. En 1997, Robertson, Sanders, Seymour y Thomas lograron actualizar esta demostración usando tanto viejas ideas como nuevos recursos computacionales, pero la demostración clásica sigue aún pendiente.

MORALEJA

La verdad o falsedad de una demostración matemática puede ir oscilando hasta alcanzar una verificación definitiva.

TEOREMA DE FERMAT: DEL FAROL A LA VERDAD EN 300 AÑOS

En el mundo de los teoremas, algunos de ellos, en apariencia difíciles, quedan abiertos muy poco tiempo, mientras que otros, a primera vista simples, esperan años o siglos para ser resueltos, como el de los cuatro colores que acabamos de ver.

El último teorema de Fermat decía que no hay soluciones enteras no triviales de la ecuación $x^n + y^n = z^n$ para $n \geq 3$. Esta conjetura tiene tres episodios inesperados.

El primero es el farol que se marca Pierre de Fermat al dejar escrito en el margen de su *Aritmética* de Diofanto la famosa frase con la que asegura contar con una bella solución, pero no tener espacio para exponerla (¡Fermat era también un abogado siempre rodeado de papeles!).

El segundo episodio inesperado es la espera de trescientos años para que el tema quede resuelto.

Y el tercero es la enrevesada solución que proporciona Andrew Wiles, aunque en su ataque y derribo hay una primera contribución que contiene un error; no obstante, él mismo y Taylor acabaron demostrando lo que tocaba.

MORALEJA

El paso del tiempo no ratifica que algo sea matemáticamente cierto. Hay mucho trabajo ineludible para verificar un resultado.

PROBLEMAS DE MATEMÁTICAS BASADOS EN FALSEDADES

En este breve apartado nos interesa desenmascarar aquellas referencias a realidades presentes en clases de matemáticas que pueden confundir, sustrayendo el interés por el conocimiento. Estas *realidades* abundan en nuestras explicaciones y forman parte prominente de los libros de texto, convirtiendo lo que debería ser una motivación para unas matemáticas activas en un artificio para consagrar unas matemáticas pasivas. Son situaciones en apariencia realistas (al contar con palabras y datos de uso cotidiano) pero deformadas para dar lugar a ejercicios rutinarios. Se trata de una preparación *ad hoc* justificada por motivos pedagógicos (¡qué vergüenza!). A menudo, incluyen datos o medidas equivocadas, guiando, perversamente, a creencias falsas, induciendo más tarde a errores vivenciales inadmisibles. También pueden darse situaciones sin referencias a medidas o características físicas en las que se presente un modelo abstracto que no se corresponderá nunca con una realidad del planeta Tierra. Aquí incluyo mi ejemplo favorito:

> Supongamos que, en el comienzo de nuestra era, es decir, con el nacimiento de Jesucristo, la Tierra comienza a viajar —digamos, en línea recta, para mayor claridad— a la velocidad de la luz. Engendrará así un cilindro cuya sección recta será la del círculo máximo de la Tierra y su altura será la velocidad de la luz multiplicada por el tiempo que esté trasladándose, que consideraremos será hasta el año 2000. Supongamos también que este cilindro es de oro macizo y queremos calcular su valor (un gramo de oro vale actualmente 370 pesetas).
>
> Por otra parte, al mismo tiempo que la Tierra comienza a desplazarse como hemos dicho, colocamos una peseta en el banco al interés compuesto del 10% y la dejamos hasta el mismo año 2000. El capital que tendremos entonces en el banco ¿nos permitirá comprar el cilindro de oro macizo?

Sin embargo, puede haber problemas interesantes que se presenten con una base falsa. Este es el caso del problema de las torres de Hanói. Se trata de tres varillas verticales y cierto número de discos agujereados que se van colocando de mayor a menor en una de las varillas laterales. El reto es pasar de uno en uno todos los discos a la varilla del otro extremo sin que un disco mayor quede nunca encima de uno menor. Este juego, que tiene complejidad creciente, al ir aumentando el número de discos, fue inventado por el matemático François Édouard Anatole Lucas en 1883, el cual firmó el juego con el curioso sobrenombre de «Prof. N. Claus de Siam, mandarín del Colegio de Li-Son-Stan».

Édouard Lucas trabajó como profesor de instituto y en el Observatorio de París y aún hoy es conocido por este juego de las torres, al cual han acompañado siempre diversas leyendas exóticas que el propio inventor escribió para promocionar su patente.

Toda la historia de las torres es falsa pero bien ideada. Esencialmente, se trata de monjes asiáticos (del templo de Benarés u otros sitios) que deben resolver el problema de las torres con

64 discos y se anuncia que, cuando el juego se acabe, será el fin del mundo. Como se precisan $2^{64}-1$ movimientos para resolver este caso, aunque un monje tardara un segundo en mover un disco, se necesitarían 585.000 millones de años para acabar, lo cual da un amplio margen de maniobra antes del fin del mundo.

MORALEJA

Los enunciados de problemas de matemáticas que son aburridos e irreales no deberían formar parte de las clases. Sin embargo, aunque la historia de un juego matemático sea falsa, este puede ser instructivo.

EPÍLOGO

> No puedes tener más tipos de noticias falsas que noticias reales. Eso es permitir que el engaño público vaya sin control. Eso es una locura.
>
> ELON MUSK

Este libro hubiese podido ser una enciclopedia en varios tomos y con una estantería para ordenar todos los volúmenes, pues el tema de las *fake news* con componentes o matices matemáticos es ilimitado. No obstante, se ha acotado a una selección de casos típicos para ofrecer con ello una primera aproximación a este tema tan actual. En todos ellos se ha descrito el tema para animar al lector a librarse del engaño.

En las matemáticas encontraremos siempre una fiel aliada para desenmascarar enredos, evitar timos y combatir engaños, una auténtica cruzada contra el mal de la falsedad.

Nuestros enemigos en este tema son los ciberdelincuentes, los timadores de personas mayores, los políticos populistas, los publicistas sin escrúpulos, los economistas y banqueros sin alma, los vendedores sin piedad..., todos ellos ya poseen recursos matemáticos para hacer su labor de fraude. Nosotros hemos de dar la respuesta con fundamento.

Te deseo suerte y... ¡al combate!

CLAUDI

AGRADECIMIENTOS

El autor agradece a Caterina da Lisca y a Cristina Pérez, de la editorial Ariel, su confianza en este proyecto, sus estimulantes sugerencias en la preparación del manuscrito y el haber seguido con eficiencia y perseverancia la edición final.

Carme Burgués y Victòria Alsina hicieron, como de costumbre, lecturas críticas y sugerencias pertinentes.

Los servicios técnicos de la editorial Ariel hicieron posible la edición impecable de la obra.

Gracias a Paola Grande por las ilustraciones y a Irene Mármol por la maquetación.

REFERENCIAS

LIBROS

Alsina, C., 2008, *El Club de la Hipotenusa: Un paseo por la historia de las matemáticas a través de sus anécdotas más divertidas*, Barcelona, Ariel.

——, 2010, *Asesinatos matemáticos: Una colección de errores que serían divertidos si no fuesen tan frecuentes*, Barcelona, Ariel.

——, 2017, *Todo está en los números*, Barcelona, Ariel.

——, 2024, *Los matemáticos serios son los que no se ríen nunca*, Barcelona, Ariel.

Alsina, C., Aubanell, A. y Burgués, C., 2019, *Tres professors de Matemàtiques: Com fer estimar i aprendre bé les matemàtiques*, Barcelona, Rosa Sensat.

——, *Anima't! Provocar l'interès per aprendre matemàtiques*, Barcelona, Rosa Sensat, 2023.

Amoruso, M., *et al.*, Contrasting the Spread of Misinformation in Online Social Networks, *AAMAS*, vol. 17 (2017), pp. 1323-1331.

Auletta,V., *et al.*, Maximizing the Spread of an Opinion when Tertium Datur Est, *AAMAS*, vol. 19 (2019), pp. 1207-1215.

Ball, W.W. y A. Dows, 1960, *A Short Account of the History of Mathematics*, Nueva York, Dover.

Cairo, A., 2019, *How Charts Lie: Getting Smarter about Visual Information*, Nueva York, W. W. Norton & Company.

Cajori, F., 1980, *History of Mathematics*, Nueva York, Chelsea Pub.

Capcit (Consell Assessor del Parlament sobre Ciència i Tecnologia), 2022, *Desinformació a les xarxes socials: Què és i com identificar-la*,

Barcelona, Fundació Catalana per a la Recerca i la Innovació.

Dudley, Cl., 1992, *Mathematical Cranks*, Washington, MAA.

Eves, H., 1976, *An Introduction to the History of Mathematics*, Nueva York: Holt, Riehart, Winston.

Flores, J. M., Artificial intelligence and journalism: diluting the impact of disinformation and fake news through bots, Doxa Comunicación, 29 (2019), pp. 197-212.

Giansiracusa, N., The Mathematics of Misinformation, *Notices American Mathematical Society*, 69, vol. 10 (2022), pp. 1707-1715.

——, 2021, *How algorithms create and prevent fake news: Exploring the impacts of social media, deepfakes, GPT-3, and more*, Nueva York, Apress, <https://doi.org/10.1007/978-1-4842-7155-1>.

Guzmán, M. de, 1991, *Para pensar mejor*, Barcelona, Labor.

Ibáñez, R., 2010, *Las matemáticas de la publicidad*, Divulgamat.

Lazer, D. *et al.*, The science of fake news, *Science*, 6380, vol. 359 (2018), pp. 1094-1096.

Markowsky, G., Misconceptions about the Golden Ratio, *The College Mathematics Journal*, 1, vol. 23 (1992), pp. 2-19, <https://doi.org/10.1080/07468342.1992.11973428>.

Mason, J., Burton, E. y Tacey, K., 2000, *Pensar matemáticamente*, Madrid, Anagrama.

Mcgonagle, T., Fake News: False fears or real concerns?, *Netherlands Quarterly of Human Rights*, 4, vol. 35 (2017), pp. 203-209.

Ministerio de Asuntos Económicos y Transformación Digital, 2021, *Plan Nacional de Numeración: Guía práctica de usuario*, Madrid, Secretaría de Estado de Telecomunicaciones e infraestructuras Digitales.

Monti, F., *et al.*, Fake news detection on social media using geometric deep learning, *arXiv:1902.06673 [cs.SI], 2019.*

Paulos, J. A., 1996, *Un matemático lee el periódico*, Barcelona, Tusquets.

Roure, S. W., 1908, *A Short Account of the History of Mathematics*, Nueva York, Dover.

Sorando, J. M., Las matemáticas en los anuncios, *Números*, vol. 78 (2011), pp. 33-46.

Struik, D. J., 1987, *A concise history of mathematics*, Nueva York, Dover.

Vosoughi, S., Roy, D. y Aral, S., The spread of true and false news online, *Science*, 359 (2018), pp. 1146-1151.

WEBS

[1] <https://www.exteriores.gob.es/es/PoliticaExterior/Paginas/LaLuchaContraLaDesinformacion.aspx>

[2] <https://www.leapyearday.com/honor-society-of-leap-year-day-babi?lang=ca>

[3] <https://www.huelvainformacion.es/opinion/articulos/Supersticiones-Nochevieja_0_1752124882.html>

[4] <https://www.glamour.mx/articulos/dias-de-mas-suerte-2022-segun-tu-signo-zodiacal>

[5] <http://antropometria.ibv.org/>

[6] <https://cancerquest.org/es/sala-de-prensa/2017/06/cebollas-que-matan-celulas-cancerosas>

[7] <https://mejorconsalud.as.com/16-usos-caseros-de-la-cebolla/>

[8] <https://www.recetas.com/reportajes/ajo-y-cebolla.html>

[9] <https://climate.selectra.com/es/que-es/greenwashing>

[10] <https://www.bachoriginal.com/es-es/nuestros-productos/selector-de-flores/>

[11] <https://www.labtestsonline.es/articles/articles-intervalos-de-referencia-y-su-significado>

[12] <https://www.iumiukycursosadiestramiento.com>

[13] <https://www.listarobinson.es>

[14] <https://maldita.es/timo/20210326/timo-falsas-inversiones-bitcoin-sms-miles-euros-trabajando-cinco-horas/>

[15] <https://numeracionyoperadores.cnmc.es/portabilidad/movil>
[16] <https://www.guardiacivil.es/ca/servicios/consejos/estafa.html#estafador>
[17] <https://beallslist.net>
[18] <https://www.incibe.es/linea-de-ayuda-en-ciberseguridad>
[19] <https://www.aepd.es>
[20] <https://clientebancario.bde.es/pcb/es/menu-horizontal/podemosayudarte/simuladores/>
[21] <https://www.bankinter.com/blog/empresas/como-ahorrar-boda>
[22] <https://www.bbva.com/es/salud-financiera/organizar-una-boda-plan-de-ahorro-para-que-sea-economica-y-espectacular/>
[23] <https://descuentos.elpais.com/como-ahorrar/guia-para-ahorrar-al-organizar-una-boda>
[24] <https://facilhouse.com/mini-casas/>
[25] <https://www.facua.org/es/noticia.php?Id=1140>
[26] <https://www.revistaialimentos.com/es/noticias/3-marcas-sancionadas-por-publicidad-enganosa>
[27] <www.malaprensa.com>
[28] <https://laboratoriodeperiodismo.org/mapchecking-la-herramienta-que-permite-calcular-asistentes-a-manifestaciones/>
[29] <http://manifestometro.blogspot.com>
[30] <https://www.mapchecking.com>

OTRAS WEBS GENERALISTAS

<https://ciutadaniacritica.wordpress.com/estadistiques/>
<https://www.Chequeado.com>
<https://verifica.efe.com>

<https://maldita.es>

<https://www.rtve.es/noticias/verificartve/>

<https://www.verificat.cat>

<https://iberifier.eu>

ÍNDICE COMPLETO